数学与统计学学术研究丛书

贵州省教育厅高校科学研究项目（青年项目）（NO.黔教技〔2022〕172）
贵州财经大学校级项目（NO.2022KYQN12）

大尺度几何嵌入方式和粗不变量研究

李国强 著

西南交通大学出版社
·成 都·

图书在版编目（CIP）数据

大尺度几何嵌入方式和粗不变量研究 / 李国强著
. --成都：西南交通大学出版社，2024.5
ISBN 978-7-5643-9816-3

Ⅰ. ①大… Ⅱ. ①李… Ⅲ. ①几何学 – 研究 Ⅳ.
①O18

中国国家版本馆 CIP 数据核字（2024）第 090672 号

Dachidu Jihe Qianru Fangshi he Cububianliang Yanjiu

大尺度几何嵌入方式和粗不变量研究

李国强 **著**

责任编辑　孟秀芝
封面设计　原谋书装

出版发行　西南交通大学出版社
（四川省成都市金牛区二环路北一段 111 号
西南交通大学创新大厦 21 楼）
邮政编码　610031
营销部电话　028-87600564　028-87600533
网址　http://www.xnjdcbs.com
印刷　成都蜀雅印务有限公司

成品尺寸　170 mm × 230 mm
印张　10
字数　158 千
版次　2024 年 5 月第 1 版
印次　2024 年 5 月第 1 次
定价　58.00 元
书号　ISBN 978-7-5643-9816-3

序

几何，自古便是数学的重要分支，它以独特的形态与结构，吸引着无数数学家的目光. 然而，当我们站在一个全新的视角，即从“大尺度”去审视这些几何物体时，一种全新的几何世界便展现在我们面前. 这便是大尺度几何，或称粗几何，它为我们提供了一个全新的视角去理解和研究几何空间在无穷远处的结构及其渐近行为.

本书便是对这一新兴领域的一次深入探索. 它不仅仅是对粗几何理论的系统梳理，更是对粗几何中嵌入方式和粗不变量问题的一次深刻研究. 当谈及粗几何的指标理论时，我们不得不提及它与“非交换几何”领域的紧密联系. 而粗 Baum-Connes 猜测和粗 Novikov 猜测，更是粗几何指标理论的核心问题，本书对此进行了深入的探讨.

粗几何与群论、指标理论、非交换几何、大数据分析等领域的交融，为我们揭示了一个丰富多彩的数学世界. 群论在粗几何中的应用，不仅丰富了粗几何的理论体系，也为群论本身的研究提供了新的视角. 而指标理论，则为我们提供了一种全新的工具去刻画和理解粗几何空间的性质. 非交换几何与粗几何的交融，更是为我们打开了一扇通往更高层次数学理解的大门.

值得一提的是，本书对嵌入空间和嵌入方式进行了研究. 这一研究不仅仅对粗几何 Novikov 猜测具有重要意义，更是对粗几何空间性质的一次深刻揭示. 通过嵌入方式的研究，我们可以更加深入地理解粗几何空间的内在结构和性质，为未来的研究提供更为坚实的基础.

此外，本书还涉及粗空间的有限 APC-分解复杂度、强嵌入的纤维保持性质、度量空间的直积封闭性以及粗拟的群作用下的遗传性等多个重要课题. 这些课题的研究，不仅深化了我们对粗几何的理解，也为未来的研究提供了更多的可能性和方向.

综上所述，本书是对粗几何领域的一次全面而深入的探索. 它不仅仅梳理了粗几何的基本理论，更对粗几何中的核心问题进行了深刻的研究. 对于从事几何、群论、指标理论、非交换几何以及大数据分析等领域研究的学者来说，本书无疑是一本极具价值的参考书籍.

在此，我衷心希望本书能够为广大读者带来深刻的启发和收获，也期待未来能够有更多的学者加入粗几何这一研究领域，共同推动这一领域的发展与进步.

王显金

2024 年 3 月

前言

大尺度几何又称粗几何，可以简单地描述为从远处观察几何物体，它主要关注的是几何空间在无穷远处的结构以及它在无穷远处的渐近行为. 它的研究已经和群论、指标理论、非交换几何、大数据分析等领域息息相关.

本书主要研究粗几何中的嵌入方式和一些粗不变量问题. 粗几何上的指标理论是非交换几何领域近三十年发展起来的重要研究分支. 粗几何上指标理论的中心问题就是解决"粗 Baum-Connes 猜测"和"粗 Novikov 猜测". 而对嵌入空间和嵌入方式的研究对于粗几何 Novikov 猜测具有重要意义.

本书主要内容分为 7 章. 第 1 章为绪论，主要阐述了本研究的问题背景与国内外现状综述. 第 2 章介绍了粗几何的基本知识，特别是粗嵌入和性质 A. 受文献[4][35][80][108]的启发，第 3 章证明了一个可数的剩余顺从群能够恰当地仿射等距作用在一致凸的巴拿赫空间当且仅当它产生的任何一个盒子族能够纤维化余有限粗嵌入到一致凸的巴拿赫空间中. 第 4 章给出了扭曲锥的纤维化粗嵌入对相关群的 Haagerup 性质刻画的直接证明. 第 5 章用粗空间的语言定义了粗版本的有限 APC-分解复杂度. 在这个意义下，研究了有限 APC-分解复杂度的一些保持性质，并且证明了有限粗 APC-分解复杂度蕴含着粗性质 A. 第 6 章研究了强嵌入的保持性质和强嵌入在粗拟群作用下的遗传性. 特别地，证明了强嵌入和性质 A 是等价的. 第 7 章定义了 George 和 Veeramani 意义下的模糊度量空间的强嵌入，证明了可强嵌入的模糊度量空间能够粗嵌入到希尔伯特空间. 另外，还证明了强嵌入在模糊度量空间的粗范畴下是不变的，并给出了模糊度量空间强嵌入的一些等价刻画.

由于作者水平有限，书中难免有不足之处，欢迎广大读者批评指正.

作 者

2023 年 7 月

本书的数学符号及其含义

符号	含义
$\mathbb{N}$	表示正整数集
$\mathbb{R}$	表示实数集
$\mathcal{X}$	表示一族度量空间
$[x]$	表示对实数 x 向上取整
$\|A\|$	表示集合 A 中元素的个数
$\partial_R A$	表示集合 A 的 R-邻域边界，即 $\partial_R A=\{x\in X\setminus A: d(x,A)\leqslant R\}$
ξ_x	表示映射 $\xi: X\to B$ 的像，即 $\xi_x=\xi(x)$
B_1	表示赋范空间 B 中的单位元全体，即 $B_1=\{v\in B:\\|v\\|=1\}$
$e\in G$	表示群 G 中的单位元
$Box(G)$	表示剩余有限群 G 对应的盒子空间
$A\Delta B$	表示集合 A 和 B 的对称差，即 $A\Delta B=(A\setminus B)\bigcup(B\setminus A)$
$\mathcal{P}(A)$	表示集合 A 的子集的全体
$\operatorname{supp} f$	表示函数 $f: X\to\mathbb{R}$ 的支撑集，即 $\operatorname{supp} f=\{x\in X: f(x)\neq 0\}$
$l(g)$	表示群的元素 g 的长度
$B_X(x,r)$	表示在空间 X 中以 x 为圆心、r 为半径的球
$\coprod_{i\in I} X_i$	表示一族集合 $\{X_i\}_{i\in I}$ 的不交并
$\operatorname{Iso}(B)$	表示 B 上线性等距的全体
$\operatorname{AffIso}(B)$	表示 B 上仿射等距的全体
$W_k(x_0)$	表示群 G 作用在度量空间 X 上在 $x_0\in X$ 处的 k-稳定子，即

$W_k(x_0)=\{g\in G: d(gx_0,x_0)\leqslant k\}$

目 录

CONTENTS

1 绪　论

1.1　研究背景及国内外现状综述

著名的“Atiyah-Singer 指标定理”给出了计算紧流形上椭圆微分算子的 Fredholm 指标的方法. 在非紧流形上，椭圆微分算子是广义 Fredholm 算子，而不是一般意义下的 Fredholm 算子. 那么，“Atiyah-Singer 指标定理”是否能推广到非紧流形上成了一个自然的问题. 此后，一些特殊的非紧流形上的高指标问题研究有了重要进展. 例如，A. Connes 和 G. Skandalis 建立了叶状空间的指标理论；A. Connes 和 H. Moscovici 建立了齐次空间的指标理论[119]及覆盖空间的高指标理论，等等. 但是解析指标的计算仍是一件非常困难的事情. 20 世纪 90 年代初，J. Roe 受到指标定理的热方程方法的启发，通过控制局部紧算子在几何空间上的传播速度，引入一类 C^*-代数，后来被称为 Roe 代数. 该类算子代数反映了几何空间的大尺度几何特征，并且广义椭圆微分算子的 K-理论指标就落在 Roe 代数的 K-群之中. 这样，非紧流形上广义椭圆微分算子的 K-理论结构指标就仅依赖于流形的粗几何结构. 但是对于一般的 Roe 代数，它的结构十分复杂，因此它的 K-理论很难计算. 而与之对偶的 K-同调群在很多情况下可以通过代数拓扑的方法（如 Mayer-Vietoris 正合列、Chern-Connes 特征等）来计算. 粗 Baum-Connes 猜测[66][73][109][131][145]指出，在一定条件下，从粗 K-同调群 $KX_*(X)$ 到 Roe 代数的 K-理论群 $K_*(C^*(X))$ 有一个指标映射 $\mu: KX_*(X) \to K_*(C^*(X))$ 为同构. 这样，粗 Baum-Connes 猜测就提供了计算 Roe 代数 K-理论群的算法，建立了几何空间的几何、拓扑与分析之间的联系，并可应用于解决一些重要问题，如 Novikov 猜测[55][81]，I. Kaplansky 和 R. Kadison 非平凡幂等元猜测等问题. 粗 Novikov 猜测指出在一定条件下指标映射 μ 为单射,从而提供了判断椭圆微分算子高指标是否为零的方法. 它蕴含几何学中著名的 Gromov-Lawson-Rosenberg 正标量曲率猜测[23]等问题. 因此，粗几何指标理论的中心问题就是解决粗 Baum-Connes 猜测和粗 Novikov 猜测.

猜测 1.1.1（粗 Baum-Connes 猜测） 设 X 是具有有界几何的离散度量空间，则指标映射

$$\mu:\lim_{d\to\infty} K_*(P_d(X))\to K_*(C^*(X))$$

是一个同构.

指标映射中的 $P_d(X)$ 是 Rips-复形.

粗 Novikov 猜测指出，上述指标映射为单射.

猜测 1.1.2（粗 Novikov 猜测） 设 X 是具有有界几何的离散度量空间，则指标映射

$$\mu:\lim_{d\to\infty} K_*(P_d(X))\to K_*(C^*(X))$$

是一个单射.

粗 Baum-Connes 猜测和粗 Novikov 猜测的研究工作取得了很大的进展. 早在 1995 年，Gromov 引入了度量空间的粗嵌入的概念，并指出度量空间到希尔伯特空间或巴拿赫空间的粗嵌入可能对粗几何 Novikov 猜测具有重要意义.

在没有有界几何的条件下，文献[135]中给出了使得粗 Baum-Connes 猜测不成立的例子. 2000 年，郁国樑对粗 Baum-Connes 猜测进行了突破性工作[148]，极大促进了粗几何指标理论的发展.

定理 1.1.1[148] 如果一个具有有界几何的度量空间 X 可以粗嵌入到希尔伯特空间，则指标映射

$$\mu:\lim_{d\to\infty} K_*(P_d(X))\to K_*(C^*(X))$$

是一个同构. 即该度量空间上的粗 Baum-Connes 猜测成立，从而粗 Novikov

猜测也成立.

那么就有这样的问题：是不是每个具有有界几何的度量空间都能粗嵌入到一个希尔伯特空间中？什么样的度量空间可以粗嵌入到希尔伯特空间？其实能够粗嵌入到希尔伯特空间的度量空间是非常多的，比如所有有限生成的顺从群（amenable group）[13]，所有有限渐近维数的度量空间[16-19][29][47]，双曲群（hyperbolic group）[129]，线性群（linear group）[64]，所有的几乎连通李群（almost connected Lie groups）[64]等. 但并不是所有的离散度量空间都可以粗嵌入到希尔伯特空间中. 2000 年，Gromov 发现了一类膨胀图（expander）. 该类膨胀图具有有界几何但是不能粗嵌入到希尔伯特空间[62]. 膨胀图的第一个具体例子是由 G. Margulis[89-90]利用“具有 Kazhdan 性质 T[14][84]的剩余有限群”（如 $SL_3(\mathbb{Z})$）构造出来的[80]. 膨胀图是一类高度连通而又稀疏的图. 在文献[71]中，N. Higson，V. Lafforgue，G. Skandalis 证明了膨胀图上的粗 Baum-Connes 猜测不成立.

2001 年，G. Kasparov，G. Yu 减弱了“粗嵌入到希尔伯特空间”的条件，证明了定理 1.1.2.

定理 1.1.2[80] 如果一个具有有界几何的度量空间 X 可以粗嵌入到一致凸巴拿赫空间，则指标映射

$$\mu: \lim_{d\to\infty} K_*(P_d(X)) \to K_*(C^*(X))$$

是一个单射. 即该度量空间上的粗 Novikov 猜测成立.

在文献[77]中，W. B. John 和 N. L. Randrianrivony 证明了 $l^p(p>2)$ 空间不能粗嵌入到希尔伯特空间.

这样又有了下面的问题：是不是每个具有有界几何的度量空间都能粗嵌入到一致凸巴拿赫空间？什么样的度量空间可以粗嵌入到一致凸巴拿赫空间？2005 年，在文献[28]中，N. Brown 和 E. Guentner 证明了每一个可数离散群都可以粗嵌入到一个自反的严格凸的巴拿赫空间中. 同年，郁国樑证明了双曲群可以仿射作用到某个 l^p 空间上[146]. 2008 年，M. Mendel 和 A. Naor 证明了 l^p 空间不能粗嵌入到 l^q 中 $(p>q\geqslant 2)$[97]. 更多关于粗嵌入到

一致凸巴拿赫空间的研究，可参考文献[102-104]等.

2006年，V. Lafforgue利用具有Kazhdan性质T的剩余有限的可数线性群，构造出一类膨胀图，这种膨胀图不能粗嵌入到任何一致凸的巴拿赫空间[86].

猜测 1.1.3（极大版本的粗 Baum-Connes 猜测） 设X是具有有界几何的离散度量空间，则指标映射

$$\mu_{\max}:\lim_{d\to\infty}K_*(P_d(X))\to K_*(C^*_{\max}(X))$$

是一个同构.

极大版本的粗Novikov猜测指出，上述指标映射是单射.

猜测 1.1.4（极大版本的粗 Novikov 猜测） 设X是具有有界几何的离散度量空间，则指标映射

$$\mu_{\max}:\lim_{d\to\infty}K_*(P_d(X))\to K_*(C^*_{\max}(X))$$

是一个单射.

在文献[58]中，龚贵华、王勤和郁国樑对膨胀图上的高指标问题的研究取得了突破性进展，对于具有有界几何的度量空间，引入了极大Roe代数$C^*_{\max}$的概念，证明了一类剩余有限离散群产生的膨胀图上的极大粗Novikov猜测成立. 这类膨胀图包括 V. Lafforgue[86]构造的膨胀图. 龚贵华、王勤和郁国樑[53]的工作引发了一系列后续研究. 比如：在文献[111]中，H. Oyono-Oyono和郁国樑证明了如果一个剩余有限群能够等距[40]作用到希尔伯特空间，那么由该群所产生的盒子空间（box space）上的极大粗Baum-Connes猜测成立. 在文献[137]中，R. Willett和郁国樑证明了如果一列不交并的有限图具有大围长（large girth），那么该类空间上的粗Novikov猜测成立. 在文献[138]中，R. Willett和郁国樑证明了如果一列不交并的有限图具有有界几何和大围长，那么该类空间上的极大粗Baum-Connes猜测成立. 这几类空间都包括某一类膨胀图. 另外，在文献[138]中，R. Willett

和郁国樑在度量空间上引入了几何性质 T（geometric property T）的概念，并给出了下面的重要结论.

定理 1.1.3[138] 设 X 是具有有界几何的离散度量空间. 如果 X 具有几何性质 T，则指标映射

$$\mu_{\max}:\lim_{d\to\infty}K_*(P_d(X))\to K_*(C^*_{\max}(X))$$

不是满的. 即极大版本的粗 Baum-Connes 猜测不成立.

2012 年，陈晓曼、王勤和郁国樑[36]推广了“粗嵌入到希尔伯特空间”的概念，引入了“纤维化粗嵌入到希尔伯特空间”的概念，并证明了下面结论.

定理 1.1.4[36] 设 X 是具有有界几何的离散度量空间. 如果 X 能够纤维化粗嵌入到希尔伯特空间，则指标映射

$$\mu_{\max}:\lim_{d\to\infty}K_*(P_d(X))\to K_*(C^*_{\max}(X))$$

是一个同构. 即极大版本的粗 Baum-Connes 猜测成立.

利用算子代数和粗几何对指标理论进行研究，是近年来发展起来的一套新的方法. 通过研究度量空间的大尺度几何结构,有可能找到更好的嵌入方式和嵌入空间. 比如:鉴于希尔伯特空间与巴拿赫空间的本质差异,可以研究可纤维化粗嵌入到巴拿赫空间的度量空间上的粗 Novikov 猜测是否成立.

1.2 主要内容和结论

本书的主要内容如下：

第 1 章是绪论，介绍了粗几何中嵌入方式和嵌入空间与指标理论的关系，以及现阶段有关粗 Baum-Connes 猜测、粗 Novikov 猜测的发展和研究状况，并介绍了本研究中所要用到的一些数学符号.

第 2 章首先介绍了粗几何的研究对象和一些基本概念，然后介绍了粗

嵌入和性质 A 的相关知识以及一些重要结论，其中在粗嵌入部分，研究了不交并度量空间粗嵌入到希尔伯特空间的问题.

第 3 章首先介绍了盒子空间、仿射等距作用、纤维化粗嵌入、超积和超极限的相关知识以及重要结论，然后研究了盒子族纤维化余有限粗嵌入到一致凸巴拿赫空间，对剩余顺从群恰当仿射等距作用在一致凸巴拿赫空间上这一性质进行了刻画.

第 4 章首先介绍了和盒子空间具有类似性质的扭曲锥，然后给出了扭曲锥的纤维化粗嵌入对群的 Haagerup 性质刻画的直接证明.

第 5 章首先给出了有限粗 APC-分解复杂度的定义，然后研究了有限粗 APC-分解复杂度的各种保持性质,并证明了有限粗 APC-分解复杂度蕴含着粗性质 A. 最后，给出了粗性质 C 和粗分解复杂度的一些补充.

第 6 章研究了强嵌入的保持性质和强嵌入在粗拟群作用下的遗传性. 特别地，证明了强嵌入和性质 A 是等价的.

第 7 章定义了 George 和 Veeramani 意义下的模糊度量空间的强嵌入，证明了可强嵌入的模糊度量空间能够粗嵌入到希尔伯特空间. 另外，还证明了强嵌入在模糊度量空间的粗范畴下是不变的，并给出了模糊度量空间强嵌入的一些等价刻画.

第 8 章给出了本书的总结与展望.

2 粗几何的基本知识

粗几何主要关注的是几何空间在无穷远处的结构以及它在无穷远处的渐近行为，而把几何空间中的紧致子集都等价于一点，这样得到了令人惊讶的事实：非紧空间的主要几何特征在粗几何的意义下得以全部保留.

2.1 度量空间

粗几何研究的基本对象是离散的度量空间.

定义 2.1.1 设 X 是一个集合. 如果存在一个二元函数 $d: X\times X\to[0,\infty)$ 满足下面三个条件：

（1）$d(x,y)=0$ 当且仅当 $x=y$；

（2）（对称性）$d(x,y)=d(y,x)$；

（3）（三角不等式）$d(x,y)\leqslant d(x,z)+d(z,y)$，

则 d 是 X 上的度量，(X,d) 称为度量空间.

一个空间上的度量不是唯一的. 例如，在 n 维向量空间 $\mathbb{R}^n$ 上，对任意 $x,y\in\mathbb{R}^n$，其中 $x=(x_1,\cdots,x_n)$，$y=(y_1,\cdots,y_n)$. 除了常见的欧几里得度量（Euclidenn metric），可以定义曼哈顿度量（Manhattan metric）：

$$d(x,y)=\sum_{i=1}^{n}|x_i-y_i|$$

也可以定义火车度量（train metric）或称 French 铁路度量：

$$d(x,y)=\begin{cases}d_E(x,y), & y\in L\\ d_E(x,0)+d_E(0,y), & y\notin L\end{cases}$$

这里，d_E 表示 $\mathbb{R}^n$ 上的欧几里得度量，L 表示经过原点与 x 的直线.

下面介绍群上的度量.

定义 2.1.2 设 G 是一个群. 如果 G 上的函数 $l: G \to [0,\infty)$ 满足下面三个条件：

（1）$l(g)=0$ 当且仅当 $g=e$，e 是 G 中的单位元；

（2）$l(g)=l(g^{-1})$；

（3）$l(gh) \leqslant l(g)+l(h)$，

则称 l 为 G 上的长度函数（length function）.

如果对任意 $R>0$，$|\{g\in G \mid l(g)\leqslant R\}|$ 是有限的，则称 l 为恰当的(proper)长度函数. 任意的可数离散群上都存在恰当的长度函数. 对于有限生成群来说，可以用单词长度来定义长度函数. 设 G 是有限生成群，Σ 是 G 的一个对称有限生成集. 这样 G 中的每个元素都可以写成 Σ 中有限个元素相乘的形式，即

$$g=\sigma_1\cdots\sigma_i, \quad \sigma_i \in G.$$

定义

$$l_\Sigma(g)=\min\{n \mid g=\sigma_1\cdots\sigma_n, \sigma_i\in G\}.$$

可以验证 l_Σ 是 G 上的恰当长度函数. 我们可以用长度函数来诱导群上的度量，从而把群当成度量空间来研究. 从度量几何的角度来研究离散群，这是现代数学中非常重要的思想.

定义 2.1.3 设 G 是一个可数群. l 是 G 上的长度函数，则 l 可诱导 G 上的一个度量 d，称之为字长度量：

$$d(g,h)=l(g^{-1}h),$$

其中 $g,h\in G$.

注意到，对任意 $g,h,\gamma\in G$，

$$d(\gamma g,\gamma h)=l((\gamma g)^{-1}(\gamma h))=l(g^{-1}h)=d(g,h)$$

即群上的字长度量在群自身到自身的左(右)作用下是不变的.

下面的概念是粗几何中经常用到的.

定义 2.1.4 设 X 是一个度量空间.

（1）X 是一致离散的（uniformly discrete），如果存在常数 $C>0$，使得对任意两点 $x,y\in X$，总有 $d(x,y)\geqslant C$.

（2）一致离散度量空间 X 被称为局部有限（locally finite），如果对任意 $x\in X$ 和 $r\geqslant 0$，总有 $|B(x,r)|<\infty$.

（3）局部有限的度量空间 X 具有有界几何（bounded geometry），如果对任意 $r\geqslant 0$，总存在 $N(r)\geqslant 0$ 使得对任意 $x\in X$，有 $|B(x,r)|<N(r)$ 成立.

注意到，如果 G 是一个有限生成群，d 是 G 上的字长度量，则 (G,d) 是一致离散并具有有界几何的度量空间.

2.2 粗几何基本概念

设 X 是一个度量空间. 在拓扑学中，空间上度量的意义体现为它所产生的拓扑. 当我们用 X 上的连续函数组成的代数 $C(X)$ 来研究 X 的性质时，$C(X)$ 只能反映度量空间的局部性质，即“小尺度”结构，而损失了度量的大尺度性质. 比如，X 上的两个度量 d,d'，满足条件 $d'(x,y)=\min\{d(x,y),1\}$. 两个度量定义了完全一致的拓扑结构，但 d' 明显失掉了 d 的尺度大于 1 的几何信息. 粗几何就是从与拓扑相反的角度来研究度量空间，只关注度量空间的大尺度几何，忽视度量空间的“小尺度”结构[147].

定义 2.2.1[122] 设 X,Y 是度量空间，$f:X\to Y$ 是一个映射（不一定连续）.

（1）f 是恰当的（proper），如果对 Y 中任意有界子集 B，逆像 $f^{-1}(B)$ 在 X 中是有界的.

（2）f 是一致扩张的（uniformly bornologous），如果对任意的 $R\geqslant 0$，存在 $S\geqslant 0$ 使得对任意 $x,y\in X$，$d(x,y)\leqslant R$ 时，总有 $d(f(x),f(y))\leqslant S$.

（3）如果 f 既是恰当的又是一致扩张的，则称 f 为粗映射.

例 2.2.1 设 $X=Y=\mathbb{R}$，则映射 $f(x)=0$ 不是粗映射，原因是 f 不是恰当的.

另一种粗映射的定义如下：

定义 2.2.2[107] 设 X,Y 是度量空间. 映射 $f:X\to Y$ 称为粗映射，如果满足下面两个条件：

（1）存在函数 $\rho_+:[0,\infty)\to[0,\infty)$，使得对任意 $x,y\in X$，$d_Y(f(x),f(y))\leqslant\rho_+(d_X(x,y))$.

（2）f 是恰当的.

设 X,Y 是度量空间. $f,f':X\to Y$ 是两个映射. 记

$$d(f,f')=\sup_{x\in X}d_Y(f(x),f'(x)).$$

定义 2.2.3[122] 设 X,Y 是度量空间. 两个映射 $f,f':X\to Y$ 被称为相近的(close)，如果存在常数 $C\geqslant 0$，使得 $d(f,f')\leqslant C$.

例 2.2.2 设 $X=Y=\mathbb{Z}$，则映射 $f(n)=2n$ 和 $f(n)=2n+1$ 是相近的.

粗几何的中心问题是研究离散度量空间的粗不变性.

定义 2.2.4[122] 设 X,Y 是度量空间. X,Y 是粗等价的（coarse equivalent），如果存在粗映射 $f:X\to Y$ 和粗映射 $f':Y\to X$，使得 $f\circ g$ 和 $g\circ f$ 分别与 Y 和 X 上的恒等映射是相近的.

例 2.2.3 任何有界度量空间与一个点粗等价.

例 2.2.4 $\mathbb{Z}$ 和 $\mathbb{R}$是粗等价的. 事实上，可考虑 $\mathbb{Z}$ 到 $\mathbb{R}$的包含映射、$\mathbb{R}$到 $\mathbb{Z}$ 的向上（或向下取整）映射.

关于粗等价，经常要用到下面的等价定义：

首先介绍度量空间中的网. 设 X 是度量空间，$C>0$ 是常数，N 是 X 的一个子集. 如果对任意 $x\in X$，总存在 $y\in N$，使得 $d(x,y)\leqslant C$，则我们称 N 是 X 的一个 C-网. 对任意 $C>0$，度量空间 X 中的 C-网总是存在的. 事实上，作集合 $\mathcal{N}=\{N\subseteq X\mid N\text{ 是 }X\text{ 中的}C\text{-分离集}\}$，这里 C-分离集是指对任意 $x,y\in N$，总有 $d(x,y)\geqslant C$. 规定 $\mathcal{N}$ 上的偏序使 $N_1\leqslant N_2$ 表示 $N_1\subseteq N_2$. 由 Kuratowski-Zron 引理知，存在极大元 $N\in\mathcal{N}$，则 N 就是 X 中的 C-网，否则，存在 $x\in X$ 使得对任意 $y\in N$，总有 $d(x,y)\geqslant C$. 这与 N 是极大元矛盾.

例 2.2.5 设G是一个可数群，H是G指标有限的子群，则H是G中的网.

证明 不妨设$G/H=\{Ha_1,Ha_2,\cdots,Ha_m\}$，其中$a_i\in G,\ i=1,\cdots,m$.

则

$$G=\{Ha_1\cup Ha_2\cup\cdots\cup Ha_m\}.$$

对任意$g\in G$，存在$i,1\leqslant i\leqslant m$，使得

$$g\in Ha_i,$$

那么，

$$ga_i^{-1}\in H.$$

令

$$h=ga_i^{-1},$$

假设l是G上的恰当长度函数，d是l诱导的度量.

令

$$C=\max\{l(a_1),l(a_2),\cdots,l(a_m)\},$$

则

$$d(g,h)=l(g^{-1}h)=l(g^{-1}ga_i^{-1})\leqslant C,$$

因此，H是G中的C-网.

证毕.

定义 2.2.5[107] 设X,Y是两个度量空间. $f:X\to Y$称为粗等价映射，如果f满足下列条件：

（1）存在两个非减函数$\rho_-,\rho_+:[0,\infty)\to[0,\infty)$，使得$\lim\limits_{t\to\infty}\rho_\pm(t)=\infty$和任意$x,y\in X$，$\rho_-(d_X(x,y))\leqslant d_Y(f(x),f(y))\leqslant\rho_+(d_X(x,y))$成立.

（2）像集$f(X)$是Y中的一个网.

如果存在粗等价映射$f:X\to Y$，称X和Y是粗等价的. 假设f只满足条件（1），则称f是X到Y的粗嵌入（coarse embedding），即X可以粗嵌入到Y. 假设ρ_-和ρ_+是仿射函数，则称f为拟等距（quasi-isometric）映射.

例 2.2.6 设(X,d)，$(X,\log(d+1))$是度量空间，则X上的恒等映射是

粗等价映射. 事实上，可以取

$$\rho_{-}(t)=\rho_{+}(t)=\log(t+1).$$

但是 ρ_{-} 不能是仿射函数，故 (X,d) 和 $(X,\log(d+1))$ 不可能是拟等距的.

拟等距[51][79]是粗等价的特殊形式. 对有限生成群来说，不同的生成集对应的字长度量是不一样的，但不同的字长度量对群的大尺度几何性质是没有影响的.

命题 2.2.1[107] 设 G 是一个有限生成群，Σ,Σ' 是 G 中两个不同的有限生成集，d,d' 是相应的字长度量，则度量空间 (G,d) 和 (G,d') 是拟等距的.

证明 假设 $l,\ l'$ 分别是 G 上关于 Σ,Σ' 的字长度量. 考虑恒等映射

$$id_{G}:(G,d)\to(G,d').$$

由于字长度量是左不变度量，所以只需要证明存在 $L,C>0$，使得对任意 $g\in G$，

$$l'(g)\leqslant Ll(g)+C, \tag{2.1}$$

$$l(g)\leqslant Ll'(g)+C. \tag{2.2}$$

令

$$L=\max\{l'(\sigma)\mid\sigma\in\Sigma\}.$$

如果 $g\in G$ 用 Σ 中的元素可写成的最短单词为

$$g=\sigma_{i_1}^{k_1}\cdots\sigma_{i_n}^{k_n},$$

则

$$l(g)=\sum_{j=1}^{n}k_{j}.$$

而每个 σ_{i_j}（$j=1,\cdots,n$）可用 Σ' 中的元素表示，因此

$$l'(g)\leqslant\sum_{j=1}^{n}k_{j}l'(\sigma_{i_j})\leqslant L\sum_{i=1}^{n}k_{j}=Ll(g).$$

令 $C=0$，可得到式（2.1）. 同理，可证明式（2.2）.

证毕.

l^{p} 空间和任何具有有界几何的度量空间是不粗等价的. 一般地，任何的无穷维巴拿赫空间与具有有界几何的度量空间都是不粗等价的.

2.3 粗嵌入

粗嵌入的概念最早是由 Gromov 引入的[60]，在粗几何指标理论的研究中起到非常重要的作用. 郁国樑证明了能够粗嵌入到希尔伯特空间的具有有界几何的度量空间上的粗 Baum-Connes 猜测成立[148]. K. Kasparov 和郁国樑证明了能够粗嵌入到一致凸巴拿赫空间的具有有界几何的度量空间上的粗 Novikov 猜测成立[80].

定义 2.3.1[107] 设 X,Y 是度量空间. 称 X 可粗嵌入到 Y，如果存在两个非减函数 $\rho_-,\rho_+:[0,\infty)\to[0,\infty)$，$\lim\limits_{t\to\infty}\rho_\pm(t)=\infty$ 满足对任意 $x,y\in X$，不等式

$$\rho_-(d_X(x,y))\leqslant d_Y(f(x),f(y))\leqslant\rho_+(d_X(x,y))$$

成立.

如果 X 可粗嵌入到希尔伯特空间，称 X 是可粗嵌入的.

例 2.3.1 任何度量空间 (X,d) 可粗嵌入到巴拿赫空间 $l^\infty(X)$ 中.

证明 固定 $x_0\in X$. 定义由 X 到 $l^\infty(X)$ 的映射 $F:X\to l^\infty(X)$：

$$F(x)=f^{(x)},$$

这里

$$f^{(x)}(y)=d(x,y)-d(y,x_0),$$

其中 $x,y\in X$. 由度量的三角不等式知

$$d(x,y)-d(y,x_0)\leqslant d(x,x_0),$$

所以上述定义是良定义.

注意到

$$\begin{aligned}\|F(x)-F(y)\|_\infty&=\sup_{z\in X}|f^{(x)}(z)-f^{(y)}(z)|\\&=\sup_{z\in X}|d(x,z)-d(z,x_0)-(d(y,z)-d(z,x_0))|\\&=\sup_{z\in X}|d(x,z)-d(y,z)|\\&\leqslant d(x,y)\end{aligned}$$

当取 $z=x$ 或 $z=y$ 时，可得

$$\begin{aligned}\|F(x)-F(y)\|_\infty &= \sup_{z\in X}|f^{(x)}(z)-f^{(y)}(z)| \\ &= \sup_{z\in X}|d(x,z)-d(y,z)| \\ &\geqslant d(x,y).\end{aligned}$$

证毕.

在粗几何中，我们主要关注的是度量空间到巴拿赫空间的粗嵌入，比如希尔伯特空间. 能够粗嵌入到希尔伯特空间的度量空间是非常多的，包括所有的顺从群[13]、Coxeter group[46]、diagram group[8][31][53]、相对双曲群[41][110][114]等. 粗嵌入还有下列等价刻画.

命题 2.3.1[135] 设 X 是度量空间，则下列条件是等价的：

（1）X 可粗嵌入到希尔伯特空间.

（2）对任意 $R,\varepsilon>0$，存在（实或复）希尔伯特空间 $\mathcal{H}$ 和映射 $\xi: X\to\mathcal{H}$，满足

（a）$\|\xi_x\|=1$，$x\in X$；

（b）任意 $x,y\in X$，$d(x,y)\leqslant R$，则 $\|\xi_x-\xi_y\|\leqslant\varepsilon$；

（c）$\lim\limits_{S\to\infty}\sup\{|<\xi_x,\xi_y>|: d(x,y)\geqslant S\}=0$.

（3）对任意 $R,\varepsilon>0$，存在一个标准对称正定核（positive type kernel）$k: X\times X\to\mathbb{R}$，满足

（a）任意 $x,y\in X$，$d(x,y)\leqslant R$，则 $|k(x,y)-1|\leqslant\varepsilon$；

（b）$\lim\limits_{S\to\infty}\sup\{|k(x,y)|: d(x,y)\geqslant S|\}=0$.

（4）存在标准对称负定核(negative type kernel) $k: X\times X\to\mathbb{R}$ 及非减函数 $\rho_-,\rho_+:[0,\infty)\to[0,\infty)$，满足

（a）$\lim\limits_{t\to\infty}\rho_\pm(t)=\infty$；

（b）任意 $x,y\in X$，$\rho_-(d_X(x,y))\leqslant d_Y(f(x),f(y))\leqslant\rho_+(d_X(x,y))$.

关于正定核和负定核的详细介绍，可参考文献[2][127][128].

命题 2.3.1（2）中的希尔伯特空间可以是实希尔伯特空间，也可以是复希尔伯特空间. 其原因是度量空间 X 如果能粗嵌入到实希尔伯特空间当且仅当能粗嵌入到一个复希尔伯特空间.

粗嵌入具有很好的稳定性. 对可粗嵌入的度量空间，取子空间、有限并、无限并、直接极限等，仍然是可粗嵌入的. 如果度量空间是群，还可以取自由积、融合积和 HNN 扩张.

并不是所有的离散度量空间都能粗嵌入到希尔伯特空间，比如膨胀图. 2005 年，N. Brown 和 E. Guentner 证明了每一个具有有界几何的度量空间都可以粗嵌入到一个自反的巴拿赫空间.

设 $1 \leqslant p_n \leqslant \infty$， $n \in \mathbb{N}$. 定义

$$\bigoplus_{n=1}^{\infty} l^{p_n}(\mathbb{N}) = \{(x_n) : x_n \in l^{p_n}, \sum_{n=1}^{\infty} \|x_n\| < \infty\}.$$

由于 l^2 直和空间的对偶空间是对偶空间的 l^2 直和空间，且 $l^{p_n}(\mathbb{N})$ 是自反的巴拿赫空间，所以 $\bigoplus_{n=1}^{\infty} l^{p_n}(\mathbb{N})$ 是自反的巴拿赫空间.

命题 2.3.2[28] 设 X 是具有有界几何的度量空间，则存在一列正实数 $\{p_n\}_{n\in\mathbb{N}}$，使得 X 可粗嵌入到 $\bigoplus_{n=1}^{\infty} l^{p_n}(\mathbb{N})$.

下面考虑不交并度量空间的粗嵌入.

定义 2.3.2 设 $(X_n, d_n)_{n\in\mathbb{N}}$ 一列是度量空间，$(H_n)_{n\in\mathbb{N}}$ 一列是希尔伯特空间. 称一列映射 $\varphi_n : X_n \to H_n$ 是 $(X_n)_{n\in\mathbb{N}}$ 到 $(H_n)_{n\in\mathbb{N}}$ 的一致粗嵌入，如果存在两个非减函数 $\rho_-, \rho_+ : [0,\infty) \to [0,\infty)$，$\lim\limits_{t\to\infty} \rho_\pm(t) = \infty$ 使得对任意 $n \in \mathbb{N}$ 和 $x, y \in X_n$，

$$\rho_-(d_n(x,y)) \leqslant \|\varphi_n(x) - \varphi_n(y)\| \leqslant \rho_+(d_n(x,y)).$$

考虑度量空间 $(\coprod_{n\in\mathbb{N}} X_n, d)$，其中度量 d 满足

（1）$d|_{X_n} = d_n$；

（2）对任意 $n, m \in \mathbb{N}, n \neq m$，则 $\lim\limits_{n+m\to\infty} d(X_n, X_m) = \infty$.

满足上述条件的度量是恰当的并且在粗等价的意义下是唯一的.

$(G_n,d_n)_{n\in\mathbb{N}}$ 是一列有限生成群，l_n 是 G_n 上的单词长度函数，d_n 是 l_n 诱导的字长度量. 如果 $(G_n)_{n\in\mathbb{N}}$ 可一致粗嵌入到希尔伯特空间，那么 $\coprod_{n\in\mathbb{N}} G_n$ 是否是可粗嵌入的？下面就来回答这个问题.

引理 2.3.1 设有限生成群 G 是可粗嵌入的. 对任意 $k>0$，存在粗嵌入映射 $\psi: G\to H$ 和非减函数 $\rho:[0,\infty)\to[0,\infty)$ 使得对任意 $x,y\in G$，

$$\rho(d(x,y))\leqslant\|\psi(x)-\psi(y)\|\leqslant kd(x,y).$$

其中 d 是 G 上的字长度量.

证明 设 l 是 G 上的单词长度函数，d 是 l 诱导的字长度量. 由于 (G,d) 是可粗嵌入的，则存在粗嵌入映射 $\varphi: G\to H$，即存在两个非减函数 $\rho_-,\rho_+:[0,\infty)\to[0,\infty)$，使得对任意 $x,y\in G$，

$$\rho_-(d(x,y))\leqslant\|\varphi(x)-\varphi(y)\|\leqslant\rho_+(d(x,y)).$$

取 $x,y\in G$，设 $d(x,y)=n$，即 $l(x^{-1}y)=n$. 则可以假设

$$x^{-1}y=s_1\cdots s_n,\quad s_i\in S,\quad 1\leqslant i\leqslant n,$$

其中 S 是 G 的对称有限生成集.

从而

$$y=xs_1\cdots s_n.$$

因此

$$\begin{aligned}
&\|\varphi(x)-\varphi(y)\|\\
&=\|\varphi(x)-\varphi(xs_1\cdots s_n)\|\\
&\leqslant\|\varphi(x)-\varphi(xs_1)\|+\|\varphi(xs_1)-\varphi(xs_1s_2)\|+\cdots+\|\varphi(xs_1\cdots s_{n-1})-\varphi(xs_1\cdots s_{n-1}s_n)\|\\
&\leqslant n\rho_+(1)\\
&=\rho_+(1)d(x,y).
\end{aligned}$$

对任意 $k>0$，令

$$\rho(t)=\frac{k}{\rho_+(1)}\rho_-(1),\quad \psi(x)=\frac{k}{\rho_+(1)}\varphi(x),$$

显然 ρ 是非减函数，且有

$$\rho(d(x,y))\leqslant\|\psi(x)-\psi(y)\|\leqslant kd(x,y).$$

证毕.

引理 2.3.2[34] 设 X 是可粗嵌入到希尔伯特空间的可数离散度量空间，则存在粗嵌入映射 $F:X\to H$ 和两个非减函数 $\rho_-,\rho_+:[0,\infty)\to[0,\infty)$ 满足

（1）任意 $x,y\in X$， $\rho_-(d(x,y))\leqslant\|F(x)-F(y)\|\leqslant\rho_+(d(x,y))$；

（2）$\lim\limits_{t\to\infty}\rho_\pm(t)=\infty$；

（3）$\rho_-(1)\geqslant1$.

证明 由于 X 是可粗嵌入的，不妨设 $\tilde{F}:X\to H$ 是粗嵌入映射，且存在两个非减函数 $\tilde{\rho}_-,\tilde{\rho}_+:[0,\infty)\to[0,\infty)$ 使得

（1）任意 $x,y\in X$， $\tilde{\rho}_-(d(x,y))\leqslant\|\tilde{F}(x)-\tilde{F}(y)\|\leqslant\tilde{\rho}_+(d(x,y))$；

（2）$\lim\limits_{t\to\infty}\tilde{\rho}_\pm(t)=\infty$.

定义映射 $F:X\to H\oplus l^2(X)$ 为

$$F(x)=\tilde{F}(x)\oplus\delta_x,$$

其中 δ_x 是 Dirac 函数.

令

$$\rho_-(t)=\begin{cases}0, & t=0\\ \sqrt{(\tilde{\rho}_-(t))^2+1}, & t>0\end{cases}$$

和

$$\rho_+(t)=\sqrt{(\tilde{\rho}_+(t))^2+2}$$

很容易验证这样定义的 ρ_-,ρ_+ 满足所要求的条件.

证毕.

引理 2.3.3[34] 设 $\rho(t)$ 是一个非减函数且满足 $\lim\limits_{t\to\infty}\rho(t)=\infty$，$\rho(1)=1$. 则存在非减函数 $\tilde{\rho}(t)$ 使得 $\lim\limits_{t\to\infty}\tilde{\rho}(t)=\infty$ 且对任意 $n\in\mathbb{N}$， $(t_i)_{i=1}^n\in\mathbb{N}$ ，有

$$\sum_{i=1}^{n}\rho(t_i)\geqslant\tilde{\rho}(\sum_{i=1}^{n}t_i).$$

证明　首先，定义

$$\tilde{\rho}(t)=\min\left\{\frac{\sqrt{t}}{2},\rho\left(\frac{\sqrt{t}}{2}\right)\right\},$$

显然 $\tilde{\rho}$ 是非减函数且

$$\lim_{t\to\infty}\tilde{\rho}(t)=\infty.$$

对任意 $n\in\mathbb{N}$，$(t_i)_{i=1}^{n}\in\mathbb{N}$，记

$$N=\sum_{i=1}^{n}t_i.$$

当 $n\leqslant\frac{\sqrt{N}}{2}$ 时，存在自然数 $i_0\in n$ 使得 $t_{i_0}>\frac{\sqrt{N}}{2}$，否则

$$\sum_{i=1}^{n}t_i\leqslant\frac{\sqrt{N}}{2}\cdot\frac{\sqrt{N}}{2}=\frac{N}{4}<N,$$

这与 $N=\sum_{i=1}^{n}t_i$ 矛盾. 因此

$$\sum_{i=1}^{n}\rho(t_i)\geqslant\rho(t_{i_0})\geqslant\rho\left(\frac{\sqrt{N}}{2}\right)=\rho\left(\frac{\sqrt{\sum_{i=1}^{n}t_i}}{2}\right)\geqslant\tilde{\rho}(\sum_{i=1}^{n}t_i).$$

证毕.

命题 2.3.3　设 $(G_n,d_n)_{n=1}^{\infty}$ 是一列可一致粗嵌入到希尔伯特空间的有限生成群，d_n 是 G_n 上的字长度量，则 $\coprod_{n=1}^{\infty}G_n$ 可粗嵌入到希尔伯特空间.

证明　设 $\varphi_n:G_n\to H_n$ 是一致粗嵌入映射，则存在两个非减函数 $\rho_{\pm}:[0,\infty)\to[0,\infty)$，$\lim_{t\to\infty}\rho_{\pm}(t)=\infty$ 使得对任意 $n\in\mathbb{N}$ 和 $x,y\in G_n$，

$$\rho_{-}(d_n(x,y))\leqslant\|\varphi_n(x)-\varphi_n(y)\|_{H_n}\leqslant\rho_{+}(d_n(x,y)).$$

由引理 2.3.1，不妨假设 $\rho_+(t)=kt, k>0.$

赋予不交并空间 $\coprod_{n=1}^{\infty}G_n$ 上的度量为

$$d(x,y)=\begin{cases} d_n(x,y), & x,y\in G_n \\ l_n(x)+l_m(y)+n+m-2, & x\in G_n, y\in G_m, n\neq m \end{cases}$$

其中 l_n 是 G_n 上的单词长度函数.

设 e_n 是 G_n 的单位元，v_n 是 H_n 中的单位向量.

令

$$\mathcal{H}=\{\bigoplus_{n=1}^{\infty}(\bigoplus_{i=1}^{n}w_{ni})\in\bigoplus_{n=1}^{\infty}(\bigoplus_{i=1}^{n}H_n)\mid w_{ni}\in H_n,\sum_{n=1}^{\infty}\sum_{i=1}^{n}\|w_{ni}\|_{H_n}<\infty\},$$

定义 $\mathcal{H}$ 上的范数为

$$\left\|\bigoplus_{n=1}^{\infty}(\bigoplus_{i=1}^{n}w_{ni})\right\|_{\mathcal{H}}=\sum_{n=1}^{\infty}\sum_{i=1}^{n}\|w_{ni}\|_{H_n},$$

定义映射 $\varphi:\coprod_{n=1}^{\infty}G_n\to\mathcal{H}$ 为

$$\varphi(x)=\bigoplus_{i=1}^{n}((\varphi_n(x)-\varphi_n(e_n))\oplus(\bigoplus_{j=1}^{n-1}v_n)), x\in G_n.$$

那么，若 $x,y\in G_n$，则

$$\|\varphi(x)-\varphi(y)\|_{\mathcal{H}}=\|\varphi_n(x)-\varphi_n(y)\|_{H_n},$$

显然有

$$\rho_-(d_n(x,y))\leqslant\|\varphi(x)-\varphi(y)\|_{\mathcal{H}}\leqslant kd_n(x,y).$$

若 $x\in G_n, y\in G_m, n\neq m$，则

$$\begin{aligned}
&\|\varphi(x)-\varphi(y)\|_{\mathcal{H}}\\
&=\|\varphi_n(x)-\varphi_n(e_n)\|_{H_n}+n-1+\|\varphi_m(y)-\varphi_m(e_m)\|_{H_m}+m-1\\
&\leqslant kd_n(x,e_n)+ld_m(y,e_m)+n+m-2\\
&\leqslant k(l_n(x)+l_m(y)+n+m-2)\\
&=kd(x,y).
\end{aligned}$$

定义

$$\tilde{\rho}_-(t)=\begin{cases}\rho_-(t), & t>\rho_-(t)\\ t, & t\leqslant\rho_-(t)\end{cases}$$

则对任意 $t\in[0,\infty)$，总有

$$\tilde{\rho}_-(t)\leqslant t, \tilde{\rho}_-(t)\leqslant\rho_-(t).$$

另外，$\tilde{\rho}_-$ 是非减函数且

$$\lim_{t\to\infty}\tilde{\rho}_-(t)=\infty.$$

由引理 2.3.2、引理 2.3.3 知，对任意 $n\in\mathbb{N}$，$(t_i)_{i=1}^n\in\mathbb{N}$，存在非减函数 $\hat{\rho}_-(t)$ 满足

$$\sum_{i=1}^n\tilde{\rho}_-(t_i)\geqslant\hat{\rho}_-(\sum_{i=1}^n t_i)$$

且

$$\lim_{t\to\infty}\hat{\rho}_-(t)=\infty.$$

这样，就有

$$\begin{aligned}&\|\varphi(x)-\varphi(y)\|_{\mathcal{H}}\\ =&\|\varphi_n(x)-\varphi_n(e_n)\|_{H_n}+n-1+\|\varphi_m(y)-\varphi_m(e_m)\|_{H_m}+m-1\\ \geqslant&\rho_-(d_n(x,e_n))+\rho_-(d_m(y,e_m))+n+m-2\\ \geqslant&\tilde{\rho}_-(l_n(x))+\tilde{\rho}_-(l_m(y))+\tilde{\rho}_-(n+m-2)\\ \geqslant&\hat{\rho}_-(l_n(x)+l_m(y)+n+m-2)\\ =&\hat{\rho}_-(d(x,y)).\end{aligned}$$

因此，$(\coprod_{n=1}^{\infty}G_n,d)$ 可粗嵌入到希尔伯特空间 $\mathcal{H}$ 中.

证毕.

更多关于粗嵌入的介绍，请参考文献[7][9][10][28][34][82][87][122].

下面我们介绍粗嵌入到希尔伯特空间的反例：膨胀图. 膨胀图是一类高度连通而又稀疏的图，并且具有有界几何. 膨胀图的第一个具体例子是由 G. Margulis[89-90]（Fields 奖获得者）利用“具有 Kazhdan 性质 T 的剩余有限

群”构造出来的[80]. 膨胀图在计算机（如随机处理[75][101]、密码学[57]、网络设计[1][117]）和数学[62][78][90-91][98]领域具有非常重要的应用.

定义 2.3.3 设 $G=(V,E)$ 是有限的 D-正则图，M 为 G 的邻接矩阵，则称 $\Delta=DI-M$ 是 G 的 Laplacian 算子，其中 I 为单位矩阵.

定义 2.3.4 设 $(X_n)_{n=1}^{\infty}=(V_n,E_n)_{n=1}^{\infty}$ 是一列有限的 D-正则图，满足 $|V_n|\to\infty$，$n\to\infty$. 称 $(X_n)_{n=1}^{\infty}$ 为一列膨胀图，如果存在 $c>0$ 使得对任意 $n\geq 1$,

$$\sigma_n(\Delta_n)\subseteq\{0\}\cup[c,\infty).$$

其中 $\sigma_n(\Delta_n)$ 为 Δ_n 的谱集.

膨胀图与欧氏空间的几何结构是高度不兼容的.

命题 2.3.4[62] 设 $(X_n)_{n=1}^{\infty}=(V_n,E_n)_{n=1}^{\infty}$ 是一列膨胀图，则 $(X_n)_{n=1}^{\infty}$ 的粗不交并空间不能粗嵌入到希尔伯特空间.

膨胀图在不交并形式下是具有有界几何的，更多关于膨胀图的内容可参考文献[1][83][88][90][95][98][118].

2.4 性质 A

2000 年，郁国樑在文献[148]中证明了如果一个具有有界几何的度量空间能够粗嵌入到希尔伯特空间，那么该度量空间上的粗 Baum-Connes 猜测成立. 另外，郁国樑提出了性质 A（property A）的概念，证明了具有性质 A 的度量空间是可粗嵌入的. 之后人们对性质 A 进行了广泛的研究，可参考文献[15][24][27][30][103][105][107][132]. 性质 A 是粗几何不变量，即两个度量空间粗等价，其中一个空间具有性质 A 当且仅当另一个空间具有性质 A. 具有性质 A 的空间是非常多的，比如顺从群[113]，具有性质 A 的群的直积和半直积（direct and semi-direct products），渐近维数有限且具有有界几何的度量空间[120][140][150]，双曲群[114]，线性群[64]，建筑（buildings）上的群作用[30]，CAT(0)复形上的群作用[24][31]等.

定义 2.4.1[148] 设 (X,d) 是度量空间. X 具有性质 A，如果对任意

$R, \varepsilon > 0$，存在一族非空有限子集 $\{A_x\}_{x\in X} \subseteq X\times\mathbb{N}$，满足

（1）对任意 $x, y\in X$，$d(x,y)\leqslant R$，则 $\dfrac{|A_x \Delta A_y|}{|A_x \cap A_y|} < \varepsilon$.

（2）存在常数 $S>0$，使得对每个 $x\in X$，如果 $(y,n)\in A_x$，则有 $d(x,y)\leqslant S$.

例 2.4.1 任何有限度量空间 X 具有性质 A. 事实上，我们可以定义 $A_x = X\times\{1\}$，则

$$\frac{|A_x \Delta A_y|}{|A_x \cap A_y|} = 0.$$

例 2.4.2 树（tree）[130]具有性质 A. 树是指无圈的无向图，用 T 表示. 记 $V=\{T$ 中的顶点集合$\}$，$v,w\in V$，则 T 中的度量 $d(x,y)$ 为连接顶点 v 和 w 的最短路径中边的个数. 则度量空间 (V,d) 具有性质 A.

注：性质 A 有多种等价定义形式，详细可参考[41][72][132][135].

性质 A 是顺从性[113]的推广.

定义 2.4.2[113] 设 G 是有限生成群，d 是 G 上的字长度量. 如果对任意 $R,\varepsilon>0$，存在一个有限子集 $F\subseteq G$ 使得

$$\frac{|\partial_R F|}{|F|} \leqslant \varepsilon,$$

其中 $\partial_R F = \{g\in G\setminus F \mid d(g,F)\leqslant R\}$，则称 G 是顺从的.

X 是一个可分离散度量空间，记

$$l^1(X)_{1,+} = \{f\in l^1(X) \mid \|f\|_1 = 1, f\geqslant 0\}.$$

若 $X=G$ 是一个群，则 G 在 $l^1(G)$ 上有自然的作用：

$$g\cdot f(h) = g(hg),$$

其中 $f\in l^1(G)$，$g,h\in G$.

下面给出顺从性的等价刻画.

命题 2.4.1[107] 设 G 是一个有限生成群，l 是 G 上的长度函数. 则下列条件是等价的：

（1）G 是顺从的.

（2）对任意 $R,\varepsilon>0$，存在一个有限子集 $F\subseteq G$ 使得对任意 $g\in G$，$l(g)\leqslant R$，满足 $\frac{|gF\Delta F|}{|F|}\leqslant\varepsilon$.

（3）对任意 $R,\varepsilon>0$，存在函数 $f\in l^1(G)_{1,+}$ 满足

（a）对任意 $g\in G$，$l(g)\leqslant R$，有 $\|f-g\cdot f\|_1\leqslant\varepsilon$；

（b）$\operatorname{supp} f$ 有限.

称满足上面条件（2）的有限子集 F 为左不变 $F\phi lner$ 集.

命题 2.4.2[135] 设 G 是有限生成群. 如果 G 是顺从的，则 G 具有性质 A.

证明 对任意的 $R,\varepsilon>0$，令 $\delta=\frac{\varepsilon}{1+\varepsilon}$. 因为 G 是顺从的，则存在左不变 $F\phi lner$ 集 F 满足，如果 $g\in G$，$l(g)\leqslant R$，则有

$$\frac{|gF\Delta F|}{|F|}\leqslant\delta.$$

定义

$$A_g=gF\times\{1\}.$$

若 $d(g,h)\leqslant R$，则有

$$\begin{aligned}\frac{|A_g\Delta A_h|}{|A_g\cap A_h|}&=\frac{|gF\Delta hF|}{|gF\cap hF|}\\&=\frac{|F\Delta g^{-1}hF|}{|F\cap g^{-1}hF|}\\&=\frac{|F\Delta g^{-1}hF|}{|F|}\cdot\frac{|F|}{|F\cap g^{-1}hF|}.\end{aligned}\tag{2.3}$$

由于 F 为关于 R 和 δ 的左不变 $F\phi lner$ 集，所以

$$\frac{|F\Delta g^{-1}hF|}{|F|}\leqslant\delta.\tag{2.4}$$

对任意两个集合 A,B，$(A\cap B)\cap(A\Delta B)=\varnothing$，且 $A\cup B=(A\cap B)\cup(A\Delta B)$，

则有

$$\frac{|F\cap g^{-1}hF|}{|F|}=\frac{|F\cup g^{-1}hF|}{|F|}-\frac{|F\Delta g^{-1}hF|}{|F|}$$
$$\geqslant 1-\delta. \tag{2.5}$$

因为 $l(g^{-1}h)\leqslant R$，则由式（2.3）~式（2.5）得

$$\frac{|A_g\Delta A_h|}{|A_g\cap A_h|}\leqslant\frac{\delta}{1-\delta}=\varepsilon.$$

因此，G 具有性质 A.

证毕.

注：性质 A 蕴含着可粗嵌入.

引理 2.4.1[107] 设 X 是离散度量空间. 如果 X 具有性质 A，则对任意 $R,\varepsilon>0$，存在一个映射 $\xi:X\to l^2(X\times\mathbb{N})$ 和 $S>0$ 使得

（1）任意 $x\in X,\|\xi_x\|_2=1$；

（2）如果 $x,y\in X$，$d(x,y)\leqslant R$，则 $\|\xi_x-\xi_y\|_2\leqslant\varepsilon$；

（3）任意 $x\in X$，$\operatorname{supp}\xi_x\subseteq B(x,S)\times\mathbb{N}$.

证明 对任意 $R,\varepsilon>0$，因为 X 具有性质 A，则可以给出 $X\times\mathbb{N}$中满足定义 2.4.1 的一族子集 $\{A_x\}_{x\in X}$，即

（a）对任意 $x,y\in X$，$d(x,y)\leqslant R$，则 $\dfrac{|A_x\Delta A_y|}{|A_x\cap A_y|}<\varepsilon^2$.

（b）存在常数 $S>0$，使得对每个 $x\in X$，如果 $(y,n)\in A_x$，则有 $d(x,y)\leqslant S$.

定义映射 $\xi:X\to l^2(X\times\mathbb{N})$ 为

$$\xi_x=\frac{1_{A_x}}{\sqrt{|A_x|}}.$$

显然，条件（1）（3）是满足的，下面只需要证明 ξ 满足条件（2）.

对任意有限集合 A,B，有

$$|A|+|B|=2|A\cap B|+|A\Delta B|.$$

所以，对任意 $x,y\in X$ ，$d(x,y)\leqslant R$ ，有

$$|A_x|+|A_y|=2|A_x\cap A_y|+|A_x\Delta A_y|\leqslant(2+\varepsilon^2)|A_x\cap A_y|.$$

进而

$$\left\langle\xi_x,\xi_y\right\rangle=\frac{|A_x\cap A_y|}{\sqrt{|A_x||A_y|}}\geqslant\frac{2|A_x\cap A_y|}{|A_x|+|A_y|}\geqslant\frac{2}{2+\varepsilon^2}.$$

因此

$$\left\|\xi_x-\xi_y\right\|_2^2\leqslant\frac{2\varepsilon^2}{2+\varepsilon^2}\leqslant\varepsilon^2.$$

条件（2）得证.

证毕.

命题 2.4.3[148] 设 X 是离散度量空间. 如果 X 具有性质 A，则 X 可粗嵌入到希尔伯特空间.

证明 由引理 2.4.2 知，对任意 $k\in\mathbb{N}$ ，存在一列映射 $\xi^k:X\to l^2(X\times\mathbb{N})$ 和 $S_k>0$ 满足

（1）任意 $x\in X$ ，$\left\|\xi_x^k\right\|_2=1$ ；

（2）如果 $x,y\in X$ ，$d(x,y)\leqslant k$ ，则 $\left\|\xi_x^k-\xi_y^k\right\|_2\leqslant 2^{-k}$ ；

（3）任意 $x\in X$ ，$\operatorname{supp}\xi_x\subseteq B(x,S_k)\times\mathbb{N}$ ，

那么当 $d(x,y)\leqslant 2S_k$ 时，有

$$\left\|\xi_x^k-\xi_y^k\right\|_2\leqslant\sqrt{2}.$$

不妨假设 $\{S_k\}$ 是递增序列.

定义一个希尔伯特空间 $\mathcal{H}$ ：

$$\mathcal{H}=\bigoplus_{k=1}^{\infty}l^2(X\times\mathbb{N}).$$

考虑 X 中一点 x_0 ，定义映射 $f:X\to\mathcal{H}$ 为

$$f(x)=\bigoplus_{k=1}^{\infty}(\xi_x^k-\xi_{x_0}^k).$$

现在来说明映射 f 是良定义且是 X 到 $\mathcal{H}$ 的粗嵌入.

注意到，如果 $n-1<d(x,y)\leqslant n$，则当 $k\geqslant n$ 时，有

$$\left\|\xi_x^k-\xi_y^k\right\|_2\leqslant\frac{1}{2^k}.$$

因此

$$\begin{aligned}&\left\|f(x)-f(y)\right\|^2\\&=\sum_{k=1}^{\infty}\left\|\xi_x^k-\xi_y^k\right\|_2^2\\&\leqslant\sum_{k=1}^{n}\left\|\xi_x^k-\xi_y^k\right\|_2^2+\sum_{k=n+1}^{\infty}\frac{1}{2^k}\\&\leqslant 2k+1\\&\leqslant 2d(x,y)+3.\end{aligned}$$

注意到，如果令 $y=x_0$，则上式表明 $f(x)\in\mathcal{H}$.

由于

$$\left\|f(x)-f(y)\right\|\leqslant(2d(x,y)+3)^{1/2},$$

定义非减函数 $\rho_+:[0,\infty)\to[0,\infty)$ 为

$$\rho_+(t)=(2t+1)^{1/2}.$$

如果取

$$P(n)=\sup\{k\in\mathbb{N}\mid 2S_k<n-1\},$$

则有

$$\begin{aligned}&\left\|f(x)-f(y)\right\|\\&=\sum_{k=1}^{P(n)}\left\|\xi_x^k-\xi_y^k\right\|_2+\sum_{k=P(n)+1}^{\infty}\left\|\xi_x^k-\xi_y^k\right\|_2\\&\geqslant\sum_{k=1}^{P(n)}\left\|\xi_x^k-\xi_y^k\right\|_2\\&=2P(n).\end{aligned}$$

因为 $\{S_k\}$ 是递增序列，所以 $P(n)$ 是关于 n 的非减函数，并且

$$P(n) \to \infty, k \to \infty.$$

设 $\bar{P}$ 是 P 在 $[0,\infty)$ 上的逐段线性扩张，则有

$$\sqrt{\bar{P}(d(x,y))} \leqslant \|f(x)-f(y)\|,$$

因此，映射 f 是 X 到 $\mathcal{H}$ 的粗嵌入.

证毕.

在文献[103]中，P. Nowak 构造了能粗嵌入到希尔伯特空间但没有性质 A 的局部有限空间，这类空间并没有有界几何；第一个具有有界几何的例子是 Arzhantseva, Guentner 和 Spakula[9]构造出来的，随后，A. Khukhro[82-83]对这类例子进行了研究和推广；后来，基于上述工作，Osajda[109]构造了第一个有限生成群的例子. 详细内容可参考文献[9][82-83][103][109].

3 纤维化余有限粗嵌入到一致凸的巴拿赫空间

Haagerup 性质最早是由 Haagerup[68]提出来的，在仿射等距的群的作用下，Haagerup 性质又被 M. Gromov 定义为 a-T-menability[60]. Haagerup 性质是冯·诺依曼顺从性的推广，又与 Kazhdan 性质（T）是强相反的. Haagerup 性质在数学的诸多领域，比如表示论、K-理论、Baum-Connes 猜测、调和分析和几何群论等方面具有非常重要的应用[74]. 具体的例子有：在文献[70]中，Higson 和 Kasparov 证明了具有 Haagerup 性质的群上的强 Baum-Connes 猜测成立；具有 Haagerup 性质的群能够粗嵌入到希尔伯特空间，从而该群上的粗 Baum-Connes 猜测成立[148]. 具有 Haagerup 性质的群是非常多的，包括顺从群，$SO(n,1)$，$SU(n,1)$，Coxeter 群[46]，CAT(0)复形[53]，Thompson's 群[54]，Baumslag-Solitar 群以及上述所涉及的群的半直积，融合自由积，圈积等. 特别地，一个（离散）群称为 a-T-menability 或者具有 Haagerup 性质，如果该群可以恰当仿射等距作用在一个希尔伯特空间上. 如此我们可以推广 Haagerup 性质的概念，使得群恰当仿射等距作用在巴拿赫空间上，特别是 L^p 空间. 近年来，在这方面的研究取得了重要进展. 在文献[11]中，Bader，Furman，Gelander 和 Monod 探究了 Kazhdan 性质（T）一般化的两种不同形式：性质 FL^p 和性质 TL^p. 另外，性质 PL^p（恰当仿射等距作用在 L^p 上）又被称为 a-FL^p-menability，与性质 FL^p 是强相反的. 郁国樑[146]证明了对于任何相对双曲群 G，存在 $2\leqslant p_0<\infty$ 使得 G 具有性质 PL^p $(p\geqslant p_0)$. 双曲单李群 $Sp(n,1)$ 具有性质 PL^p $(p>4n+2)$ [37]. Cherix，Martin 和 Valette[35]证明了可数离散群的 Haagerup 性质蕴含着性质 PL^p $(0<p\leqslant\infty)$. 当 $0<p\leqslant 2$ 时，

性质 PL^p 和 Haagerup 性质等价[44][67]. 具有性质（T）的离散双曲群没有 Haagerup 性质但有性质 PL^p（$p>2$）[146]，因此性质 PL^p（$p>2$）并不是 Haagerup 性质的充分条件. 当 $p>2$ 时，性质 PL^p 是否意味着性质 PL^q（$q>p$）目前是个公开问题. 更多关于性质 PL^p 的内容，可参考文献[5][6][33][39][116].

有限生成群 G 称为剩余有限群，如果存在一列正规子群 $G=G_1>G_2>\cdots$ 使得 $\bigcap_{n=1}^{\infty}G_n=\{e\}$ 且每个商群 G/G_n 是有限群. 这列商群的粗不交并即盒子空间在一定程度上能够反映剩余有限群的几何结构. 例如，陈晓曼、王勤和王显金[33]用纤维化粗嵌入到希尔伯特空间的概念刻画了 Haagerup 性质：一个有限生成的剩余有限群具有 Haagerup 性质当且仅当相应的盒子空间能够纤维化粗嵌入到希尔伯特空间. 纤维化粗嵌入的概念是由陈晓曼、王勤和郁国樑在研究极大粗 Baum-Connes 猜测的过程中提出来的[36]. S. Arnt[4]将这个结果推广到 L^p（固定 $p\geqslant 1$）空间：一个有限生成的剩余有限群具有性质 PL^p 当且仅当它的一个盒子空间能够纤维化粗嵌入到 L^p 空间中. K. Orzechowski[108] 把文献[35]中的结果推广到剩余顺从群（residually amenable group）：一个可数的剩余顺从群具有 Haagerup 性质当且仅当它的一个盒子空间能够纤维化余有限粗嵌入到希尔伯特空间. 另外，G. Kasparov 和郁国樑[80]证明了如果一个可数离散群能够粗嵌入到一致凸巴拿赫空间，则该群上的粗 Novikov 猜测成立. 因此，对嵌入方式和嵌入空间的研究，对于我们研究粗 Baum-Connes 猜测和粗 Novikov 猜测具有重要意义. 鉴于以上工作，我们再一次推广了文献[35]中的结论：对于一个有限生成的剩余顺从群，用相应盒子族的纤维化余有限粗嵌入给出了该群能够恰当仿射等距作用到一致凸巴拿赫空间.

定理 1 一个可数剩余顺从群能够恰当仿射等距作用在一致凸的巴拿赫空间上当且仅当它的一个(或所有的)盒子族能够纤维化余有限粗嵌入到一致凸的巴拿赫空间中.

3.1 盒子空间和盒子族

首先，回顾粗不交并的定义.

定义 3.1.1 设$(X_n,d_n)_{n\in\mathbb{N}}$是一列具有一致有界几何的一致离散有限度量空间，满足当$n\to\infty$时$|X_n|\to\infty$. $(X_n)_{n\in\mathbb{N}}$的粗不交并形式$X=\coprod_{n\in\mathbb{N}}X_n$是指在$X$上赋予一个度量$d$满足

（1）$d|_{X_n}=d_n$，$n\in\mathbb{N}$；

（2）$d(X_n,X_m)\to\infty$，$n+m\to\infty$且$n\neq m$.

如果N是有限生成群G的一个正规子群，l是G上的单词长度函数，d是l所诱导的字长度量

$$d(g,h):=l(g^{-1}h)，\quad g,h\in G,$$

对于商群G/N自然有一个长度函数l'

$$l'([g]):=\inf\{l(gh):h\in N\},$$

则商群G/N上自然的度量d'为

$$d'([g],[h])=l'([g^{-1}h]).$$

盒子空间是粗几何中一类非常重要的研究对象. 下面来介绍它的具体概念.

定义 3.1.2 称G是一个有限生成的剩余有限群，如果存在一列正规子群$(G_n)_{n\in\mathbb{N}}$满足

（1）$G=G_1>G_2>\cdots>G_n>\cdots$；

（2）$\bigcap_{n=1}^{\infty}G_n=\{e\}$；

（3）对每个n，$|G/G_n|<\infty$，

我们把粗不交并空间$\coprod_{n\in\mathbb{N}}G/G_n$称为关于$(G_n)_{n\in\mathbb{N}}$的盒子空间$Box_{\{G_n\}}(G)$(或简记为$Box(G)$).

Lafforgue 告诉我们，具有性质 T 的剩余有限群G，它的盒子空间

$Box(G)$ 不能粗嵌入到任何一致凸巴拿赫空间.

如果商群不是有限的而是顺从的，称原始群为剩余顺从群.

定义 3.1.3[108] 一个有限生成群 G 称为剩余顺从群，如果存在一列正规子群 $(G_n)_{n\in\mathbb{N}}$ 满足

（1）$G = G_1 > G_2 > \cdots > G_n > \cdots$；

（2）$\bigcap_{n=1}^{\infty} G_n = \{e\}$；

（3）对每个 n，G/G_n 是顺从的.

例 3.1.1 所有的剩余有限群都是剩余顺从群. 其中比较重要的例子就是自由群和有限生成线性群. 另外,有限生成的剩余有限群必然是 Hopfian，详细可参考文献[93-94].

例 3.1.2 因为可解群是顺从群，则所有的剩余可解群是剩余顺从群. 特别地，Baumslag-Solitar 群 $BS(m,n)$ 是剩余可解群.

如果 G 是一个有限生成的剩余顺从群，$(G_n)_{n\in\mathbb{N}}$ 是满足定义的一列正规子群. l 是 G 上的单词长度函数，自然地，在每个商群 G/G_n 上都有一个恰当长度函数 l_n，而每个长度函数可诱导一个度量 d_n，这样就得到了一列度量空间 $(G/G_n, d_n)_{n\in\mathbb{N}}$. 我们也可以把这列度量空间当成一个整体来考虑，即它的粗不交并（盒子空间）. 为了简便，后文中就称 $(G/G_n, d_n)_{n\in\mathbb{N}}$ 是剩余顺从群的盒子族.

在文献[135]中，R. Willett 等证明了剩余有限群 G 是顺从的当且仅当 $Box(G)$ 具有性质 A. 下面将这个结论推广到剩余顺从群上.

命题 3.1.1 设 G 是一个可数剩余顺从群，$(G_n)_{n\in\mathbb{N}}$ 是满足定义 3.1.3 中条件的一列正规子群，则 G 是顺从的当且仅当粗不交并空间 $\coprod_{n\in\mathbb{N}} G/G_n$ 具有性质 A.

证明 首先，假设 $\coprod_{n\in\mathbb{N}} G/G_n$ 具有性质 A，则由性质 A 的等价定义知，对任意 $R, \varepsilon > 0$，存在一个标准的对称正定核

$$k : \coprod_{n\in\mathbb{N}} G/G_n \times \coprod_{n\in\mathbb{N}} G/G_n \to \mathbb{R}$$

满足

（1）对任意 $x,y\in\coprod_{n\in\mathbb{N}}G/G_n, d(x,y)\leqslant R$，则 $|k(x,y)-1|\leqslant\varepsilon$;

（2）存在 $S>0$ 使得当 $d(x,y)>S$ 则有 $k(x,y)=0$.

正定核的相关定义可参考文献[135]. 需要注意到，一个标准的对称实值正定核同时也是一个标准自共轭复值正定核.

对每个 $n\in\mathbb{N}$，G/G_n 是顺从的. 由顺从性的一个等价定义知，存在一个有限可加的右不变概率测度：

$$\mu_n:2^{G/G_n}\to[0,1]$$

其中，右不变是指对任意可测子集 $A\subseteq G/G_n$ 和 $g\in G/G_n$，有

$$\mu_n(gA)=\mu_n(A).$$

定义映射 $\varphi_n:G/G_n\to\mathbb{R}$ 为

$$\varphi_n(x)=\int_{G/G_n}k(y,yx)\mathrm{d}\mu_n(y).$$

下面证明 φ_n 是标准正定函数.

由于 k 是标准的，即对任意 $x\in\coprod_{n\in\mathbb{N}}G/G_n$，有 $k(x,y)=1$，满足

$$\varphi_n(e_n)=\int_{G/G_n}k(y,ye_n)\mathrm{d}\mu_n(y)=1,$$

其中 $e_n\in G/G_n$ 是单位元，所以 φ_n 是标准的.

由于对任意 $x_1,x_2,\cdots,x_k\in G/G_n,\lambda_1,\cdots\lambda_k\in\mathbb{R}$，有

$$\begin{aligned}\sum_{i,j}\lambda_i\lambda_j\varphi_n(x_i^{-1}x_j)&=\sum_{i,j}\lambda_i\lambda_j\int_{G/G_n}k(y,yx_i^{-1}x_j)\mathrm{d}\mu_n(y)\\&=\sum_{i,j}\lambda_i\lambda_j\int_{G/G_n}k(zx_i,zx_j)\mathrm{d}\mu_n(z)\\&=\int_{G/G_n}\sum_{i,j}\lambda_i\lambda_jk(zx_i,zx_j)\mathrm{d}\mu_n(z)\\&\geqslant0.\end{aligned}$$

所以，φ_n 是正定函数.

令 π_n 为商映射

$$\pi_n : G \to G / G_n.$$

考虑复合映射

$$\psi_n = \varphi_n \circ \pi_n,$$

显然，ψ_n 是 G 上的标准正定函数. 则有

$$|\psi_n(g)| \leqslant 1, \forall g \in G.$$

事实上，取 $e, g \in G$，$\lambda_1, \lambda_2 \in \mathbb{R}$，则有

$$2\lambda_1\lambda_2\psi_n(g) + \lambda_1^2 + \lambda_2^2 \geqslant 0.$$

若 $\lambda_1 = \lambda_2 = 1$，$\psi_n(g) \geqslant -1$；

若 $\lambda_1 = 1, \lambda_2 = -1$，$\psi_n(g) \leqslant 1.$

所以

$$|\psi_n(g)| \leqslant 1, \forall g \in G.$$

这样就可以找到序列 (ψ_n) 的一个子列 (ψ_{n_i})，使得极限

$$\psi(g) = \lim_{i \to \infty} \psi_{n_i}(g), \forall g \in G$$

存在，则 ψ 是 G 上的标准对称正定函数.

另外，还可以证明 ψ 满足：

（1）对任意 $g \in \overline{B}(e, R)$，有 $|1 - \psi(g)| \leqslant \varepsilon.$

事实上，对任意 $g \in \overline{B}(e, R)$，由于 π_n 是压缩映射，则

$$d(\pi_n(e), \pi_n(g)) \leqslant R,$$

从而

$$\begin{aligned} |1 - \psi_n(g)| &= |1 - \varphi_n \circ \pi_n(g)| \\ &= |1 - \varphi_n(\pi_n(e)^{-1}\pi_n(g))| \\ &= |1 - k(\pi_n(e), \pi_n(g))| \\ &< \varepsilon, \end{aligned}$$

所以

$$|1-\psi(g)|\leqslant\varepsilon.$$

（2）对任意 $g\in G, d(e,g)>S$，存在 $N\in\mathbb{N}$ 使得当 $n\geqslant N$ 时，总有

$$d(\pi_n(e),\pi_n(g))>S.$$

所以，当 $n\geqslant N$ 时，

$$\psi_n(g)=\psi_n(\pi_n(e)^{-1}\pi_n(g))=0,$$

因此

$$\operatorname{supp}\psi=\bar{B}(e,S).$$

这样，就证明了 G 是顺从的.

反过来，假设 G 是顺从的.

任取 $R,\varepsilon>0$，则存在 $S>0$（不妨假设 $S>R$）和一个标准正定函数 $\phi:G\to\mathbb{C}$, 使得

（a）如果 $g,h\in G, d_G(g,h)\leqslant R$ 时，有 $\|\phi(g)-\phi(h)\|<\varepsilon$；

（b）$\operatorname{supp}\phi=\bar{B}(e,S)$.

选择 $K\in\mathbb{N}$ 且足够大，使得当 $n\geqslant N$ 时，商映射

$$\pi_n:G\to G/G_n$$

为 S-等距，即对 G 中任意直径不超过 $2S$ 的子集 $A\subseteq G$，$\pi_n|_A$ 到它的像上是等距映射.

所以，当 $n\geqslant N$ 时，$\pi_n|_{\bar{B}(e,S)}$ 是等距.

定义映射 $k:\coprod_{n=N}^{\infty}G/G_n\times\coprod_{n=N}^{\infty}G/G_n\to\mathbb{C}$为

$$k(x,y)=\begin{cases}\phi(g^{-1}h), & x,y\in G/G_n, n\geqslant N, \pi_n(g)=x, \pi_n(h)=y, d(g,h)\leqslant S\\ 0, & \text{其他}\end{cases}$$

其中，d 是满足粗不交并定义中的度量.

对任意 $x,y\in G/G_n, n\geqslant N$，存在 g_1,h_1 和 g_2,h_2 满足

$$\pi_n(g_1)=x,\pi_n(h_1)=y,d(g_1,h_1)\leqslant S,$$

$$\pi_n(g_2)=x,\pi_n(h_2)=y,d(g_2,h_2)\leqslant S.$$

则

$$g_1^{-1}h_1, g_2^{-1}h_2 \in \overline{B}(e,S),$$
$$\pi_n(g_1^{-1}h_1) = x^{-1}y = \pi_n(g_2^{-1}h_2)$$

又 $\pi_n|_{\overline{B}(e,S)}$ 是等距，则

$$g_1^{-1}h_1 = g_2^{-1}h_2.$$

所以，映射 k 是良定义的.

因为 ϕ 是标准的，所以 k 是标准的.

下面证明 k 是正定的.

事实上，对任意 $x_1,x_2,\cdots,x_m \in \coprod_{n=N}^{\infty} G/G_n, \lambda_1,\cdots,\lambda_m \in \mathbb{C}$，设映射 k 定义中的第一个条件记为 (*). 由于 ϕ 是正定的，所以

$$\sum_{i,j}\lambda_i\overline{\lambda}_j k(x_i,x_j) = \sum_{x_i,x_j\text{满足}(*)} \lambda_i\overline{\lambda}_j\phi(g_i^{-1}g_j) \geqslant 0.$$

另外，k 是自共轭的.

事实上，对任意 $g,h \in G$,

$$\phi(g^{-1}h) + \phi(h^{-1}g) + 2\phi(e) \geqslant 0,$$
$$i\phi(g^{-1}h) - i\phi(h^{-1}g) + 2\phi(e) \geqslant 0,$$

则有 $\phi(g^{-1}h)+\phi(h^{-1}g)$ 和 $i\phi(g^{-1}h)-i\phi(h^{-1}g)$ 都是实的，所以

$$\phi(g^{-1}h) = \overline{\phi(h^{-1}g)}.$$

因此，如果 $x,y \in G/G_n, n \geqslant N, \pi_n(g)=x, \pi_n(h)=y, d(g,h) \leqslant S$ ，则

$$k(x,y) = \phi(g^{-1}h) = \overline{\phi(h^{-1}g)} = \overline{k(y,x)}.$$

另外，k 具有有限传播距离.

事实上，若 $x,y \in G/G_n, n \geqslant N, \pi_n(g)=x, \pi_n(h)=y, d(g,h) > S$ ，则 $d(x,y) > S$ ，此时有

$$k(x,y) = \phi(g^{-1}h) = 0.$$

若 $x \in G/G_n, y \in G/G_m, n \neq m$ ，由 k 的定义知

$$k(x, y) = 0.$$

最后，k 满足对任意 $x, y \in \coprod_{n=N}^{\infty} G / G_n, d(x, y) \leqslant R$，有 $|1 - k(x, y)| < \varepsilon$.

事实上，可假设若 $n, m \geqslant N$，则 $n + m > S$，这样就保证了，若 $x \in G / G_n$，$y \in G / G_m, n \neq m,\ n, m \geqslant N$，总有

$$d(x, y) > S \quad (S > R).$$

如果 x, y 满足 (*) 条件，且 $d(x, y) \leqslant R < S$，则

$$|1 - k(x, y)| < \varepsilon.$$

令

$$\hat{k} = \operatorname{Re} k,$$

则 $\hat{k}$ 是粗不交并空间 $\coprod_{n=N}^{\infty} G / G_n$ 上的标准对称实值正定核. 因此，$\coprod_{n=N}^{\infty} G / G_n$ 具有性质 A. 当 $n < N$ 时，由于 G 是顺从的，所以 G / G_n 也是顺从的[97]，从而 G / G_n 具有性质 A. 因此，粗不交并空间 $\coprod_{n \in \mathbb{N}} G / G_n$ 具有性质 A.

证毕.

3.2　一致凸巴拿赫空间

设 B 是一个巴拿赫空间，对任意 $\varepsilon > 0$ 存在 $\delta(\varepsilon) > 0$，如果

$$\|\xi\|_B = \|\xi'\|_B = 1, \|\xi - \xi'\|_B \geqslant \varepsilon,$$

则有

$$\left\| \frac{\xi + \xi'}{2} \right\|_B \leqslant 1 - \delta(\varepsilon),$$

称 B 为一致凸巴拿赫空间.

巴拿赫空间 B 的凸性模（Modulus of convexity）函数为 $\delta_B : [0,2] \to [0,1]$:

$$\delta_B(t) := \inf \left\{ 1 - \left\| \frac{\xi + \xi'}{2} \right\|_B : \xi, \xi' \in B, \|\xi\|_B = \|\xi'\|_B = 1, \|\xi - \xi'\|_B \geqslant t \right\}.$$

B 是一致凸的，如果对任意 $t>0$ 都有 $\delta(t)>0$．$(B_i)_{i\in\mathbb{N}}$ 是一列一致凸巴拿赫空间，如果对任意 $t>0$ 有 $\inf_i \delta_{B_i}(t)>0$ 成立，则称 $(B_i)_{i\in\mathbb{N}}$ 具有公共凸性模．用 Carkson's 不等式可以证明 $l^p(1<p<\infty)$ 空间是一致凸的，然而 l^1 和 l^∞ 不是一致凸的.

设 $(B_i)_{i\in\mathbb{N}}$ 是一列巴拿赫空间，$1<p<\infty$，定义 $(B_i)_{i\in\mathbb{N}}$ 的 l^p-直和为

$$\bigoplus_{i=1}^{\infty} B_i := \left\{ b=(b_i): b_i \in B_i, \|b\|_p := \left(\sum_{i=1}^{\infty} \|b_i\|_{B_i}^p \right)^{\frac{1}{p}} < \infty \right\}.$$

可以验证 $(B_i)_{i\in\mathbb{N}}$ 的 l^p-直和空间仍然为巴拿赫空间.

关于这样的空间，M. Day 证明了下面的事实[43].

定理 3.2.1[43]　设 $(B_i)_{i\in\mathbb{N}}$ 是一列一致凸巴拿赫空间，则 $(B_i)_{i\in\mathbb{N}}$ 的 l^p-直和空间 $\bigoplus_{i=1}^{\infty} B_i$ 是一致凸的当且仅当 $(B_i)_{i\in\mathbb{N}}$ 具有公共凸性模.

设 G 是一个可数顺从群，由顺从性的一个等价定义知，存在一个有限可加概率测度 $\mu: 2^G \to [0,1]$，它是右乘不变的，即

$$\mu(Az)=\mu(A), A\subseteq G, z\in G.$$

$(B_z)_{z\in G}$ 是一列巴拿赫空间，$1<p<\infty$，定义

$$\prod_{z\in G} B_z := \left\{ b=(b_z): b_z \in B_z, \|b\|_p := \left(\int_G \|b_z\|_{B_z}^p \,\mathrm{d}\mu(z) \right)^{\frac{1}{p}} < \infty \right\}.$$

对于这样的空间，定理 3.2.1 仍然成立.

Gromov 告诉我们，离散空间到希尔伯特空间或者一致凸巴拿赫空间的粗嵌入，对于研究 Novikov 猜测具有重要意义．随后，郁国樑证明了具有有界几何的离散度量空间如果能够粗嵌入到希尔伯特空间中，那么该度量空间的粗 Baum-Connes 猜测成立．2004 年，G. Kasparov 和郁国樑进一步证明了具有有界几何的离散度量空间如果能够粗嵌入到一致凸巴拿赫空间中，则该度量空间上的粗几何 Novikov 猜测成立．那么，对于度量空间到一致凸巴拿赫空间的嵌入的研究就显得很有必要了.

$l^p(1\leqslant p<\infty)$是一类特殊的一致凸巴拿赫空间. 当$1<p\leqslant 2$时, l^p可粗嵌入到l^2空间中. 如果度量空间X可粗嵌入到某个$l^p(1\leqslant p<\infty)$中, 则X可粗嵌入到任意$l^p(1\leqslant p<\infty)$中. 另外, 可分度量空间粗嵌入到l^2和粗嵌入到$l^p(1\leqslant p\leqslant 2)$是等价的[104]. 度量空间到$l^p(1\leqslant p<\infty)$空间的粗嵌入有下面等价刻画.

命题 3.2.1[104] 设X是度量空间, $1\leqslant p<\infty$. 如果存在$\delta>0$使得对任意$R,\varepsilon>0$, 存在映射$\xi: X\to l^p$满足

(1) 对任意$x\in X$, $\|\xi_x\|_p=1$;

(2) 对任意$x,y\in X$, $d(x,y)\leqslant R$, 则有$\|\xi_x-\xi_y\|_p<\varepsilon$;

(3) $\lim\limits_{S\to\infty}\sup\{\|\xi_x-\xi_y\|_p: d(x,y)\geqslant S\}\geqslant\delta$,

则X可粗嵌入到l^p.

在文献[87]中, J. Li 和王勤给出了到一般一致凸巴拿赫空间的粗嵌入的两个刻画条件.

命题 3.2.2[87] 设X是度量空间, 如果存在$\delta>0$和一致凸巴拿赫空间B使得对任意$R,\varepsilon>0$, 存在映射$\xi: X\to B$满足

(1) 对任意$x\in X$, $\|\xi_x\|=1$;

(2) $\sup\{\|\xi_x-\xi_y\|: d(x,y)\leqslant R, x,y\in X\}\leqslant\varepsilon$;

(3) $\lim\limits_{S\to\infty}\inf\{\|\xi_x-\xi_y\|: d(x,y)\geqslant S, x,y\in X\}\geqslant\delta$,

则X可粗嵌入到一致凸巴拿赫空间B.

命题 3.2.3[87] 度量空间X能够粗嵌入到一致凸巴拿赫空间的充要条件是, 存在两个非减函数$\rho_\pm:[0,\infty)\to[0,\infty)$, $\lim\limits_{t\to\infty}\rho_\pm(t)=\infty$使得对每个有限子空间$F\subseteq X$, 存在映射$\phi: F\to B_F$, 其中$B_F$是一致凸巴拿赫空间, 满足

(1) 对任意$x,y\in F$, $\rho_-(d(x,y))\leqslant\|\phi(x)-\phi(y)\|\leqslant\rho_+(d(x,y))$;

(2) 巴拿赫空间族$\{E_F: F\subseteq X$有限$\}$具有公共凸性模.

定理 3.2.2[80] 如果一个具有有界几何的度量空间X可以粗嵌入到一致凸巴拿赫空间, 则指标映射

$$\mu:\lim_{d\to\infty}K_*(P_d(X))\to K_*(C^*(X))$$

是一个单射. 即该度量空间上的粗 Novikov 猜测成立.

3.3 仿射等距作用

设 B 是一个赋范线性空间，映射 $I:B\to B$ 称为线性等距，如果 I 是一个线性双射，并且保范：

$$\|I(\xi)\|=\|\xi\|,\forall\xi\in B.$$

B 到自身的恒等映射就是一个线性等距. B 上线性等距的全体在映射复合运算下构成一个群，记这个群为 $\mathrm{Iso}(B)$.

定义 3.3.1 设 G 是一个群，B 是一个赋范线性空间. 则同态 $L:G\to\mathrm{Iso}(G)$ 叫作 G 在 B 上的一个等距表示.

对任意 $g\in G$，$L(g)=id_B$ 就是 G 的一个等距表示.

下面给出一个非平凡的例子.

例 3.3.1 设 G 是一个群，$B=l^p(G)$ $(1\leqslant p\leqslant\infty)$，对任意 $g\in G$，定义算子 $L(g)\in\mathrm{Iso}(l^p(G))$ 为

$$L(g)f(h)=f(hg),$$

其中 $f\in l^p(G)$. 可以验证 $L(g)$ 是线性等距且 L 是一个等距表示. 这种表示称为 G 在 $l^p(G)$ 上的正则表示.

设 B 是一个赋范线性空间，映射 $A:B\to B$ 称为仿射等距，如果对任意的 $\xi\in B$，有

$$A(\xi)=I(\xi)+b,$$

其中 I 是 B 上的线性等距，b 是 B 中一固定元素. B 上仿射等距的全体在映射复合运算下构成一个群，记这个群为 $\mathrm{AffIso}(B)$.

注意：由 Mazur-Ulam 定理[96]知，实赋范空间上的任何双射等距映射都是仿射等距.

设 B 是一个赋范线性空间，如果 α 是群 G 到 $\mathrm{AffIso}(B)$ 的一个同态，且满足对任意的 $g\in G$，$\xi\in B$，有

$$\alpha(g)(\xi)=L(g)(\xi)+b(g),$$

其中 L 是 G 在 B 上的一个等距表示，$b:G\to B$ 是一个向量值映射，则称 α 为 G 在 B 上的仿射等距作用. 由于 α 是一个同态，所以对任意 $g,h\in G$，有 $\alpha(gh)=\alpha(g)\alpha(h)$，即 $\xi\in B$，则

$$\alpha(gh)(\xi)=L(gh)(\xi)+b(gh)=L(g)L(h)(\xi)+b(gh),$$

和

$$\alpha(g)\alpha(h)(\xi)=\alpha(g)(L(h)(\xi)+b(g))=L(g)L(h)(\xi)+L(g)b(h)+b(g),$$

所以

$$b(gh)=L(g)b(h)+b(g).$$

上式称为上循环条件，满足上循环条件的映射 b 称作等距表示 L 的上循环（cocycle）.

例 3.3.2 设 G 是一个群，B 是一个赋范线性空间，$L:G\to\mathrm{Iso}(B)$ 是一个等距表示. 固定 B 上一点 v_0，定义映射 $b:G\to B$ 为

$$b(g)=L(g)v_0-v_0,$$

其中 $g\in G$. 由于

$$b(gh)=L(g)b(h)+b(g),$$

则 b 是 L 的上循环. 这样

$$\alpha(g)(v)=L(g)(v)+(L(g)v_0-v_0),\ v\in B$$

定义了 G 在 B 上的一个仿射等距作用.

群的仿射等距作用 α 是恰当的，如果对任意 $\xi\in B$，任意有界子集 $A\subseteq B$，有

$$|\{g\in G:\alpha(g)(\xi)\in A\}|<\infty.$$

如果设 l 是 G 上的长度函数，则上式等价于

$$\lim_{l(g)\to\infty}\|b(g)\|=\infty.$$

命题 3.3.1 恰当仿射等距作用蕴含着粗嵌入.

证明 不妨设G是一个有限生成群，B是一个巴拿赫空间. l是G上的单词长度函数，d是l所诱导的字长度量，α是G在B上的恰当仿射等距作用，且

$$\alpha(g)(\xi)=L(g)(\xi)+b(g), g\in G, \xi\in B.$$

其中L是G在B上的等距表示，b是L的一个上循环.

对任意$g,h\in G$，有

$$\begin{aligned}b(g)-b(h)&=b(h(h^{-1}g))-b(h)\\&=L(h)b(h^{-1}g)+b(h)-b(h)\\&=L(h)b(h^{-1}g).\end{aligned}$$

则

$$\|b(g)-b(h)\|=\|L(h)b(h^{-1}g)\|=\|b(h^{-1}g)\|.$$

对$t\in[0,\infty)$，定义

$$\rho_-(t)=\inf\{\|b(g)\|:l(g)\geqslant t\},$$
$$\rho_+(t)=\sup\{\|b(g)\|:l(g)\leqslant t\}.$$

由于α是恰当的，所以当$t\to\infty$时，$\rho_-(t)\to\infty$，则有

$$\|b(g)-b(h)\|=\|b(h^{-1}g)\|\geqslant\rho_-(l(h^{-1}g))=\rho_-(d(g,h)),$$

且

$$\|b(g)-b(h)\|=\|b(h^{-1}g)\|\leqslant\rho_+(l(h^{-1}g))=\rho_+(d(g,h)).$$

因此，映射$b:G\to B$是粗嵌入.

证毕.

定义 3.3.2[60] 设G是一个有限生成群，如果G能够恰当仿射等距作用在一个希尔伯特空间上，则称G是 a-T-menable.

上述定义也可称为 Haagerup 性质.

例 3.3.3 设 $B=\mathbb{R}^n, G=\mathbb{Z}^n$. 考虑作用

$$\alpha(z_1,\cdots,z_n)(v_1,\cdots,v_n)=(v_1+z_1,\cdots v_n+z_n),$$

其中 $(z_1,\cdots,z_n)\in G,(v_1,\cdots,v_n)\in B$，则 α 是一个恰当仿射等距. 这说明了 $\mathbb{Z}^n$ 是 a-T-menable.

另外，自由群 $\mathbb{F}_n(n\geqslant 2)$ 也是 a-T-menable.

研究 a-T-menability 的一个重要原因是，a-T-menable 的离散群满足粗 Baum- Connes 猜测.

命题 3.3.2[107] 设 G 是一个有限生成顺从群，则 G 是 a-T-menable.

证明 由命题 2.4.1 知，对任意 $n\in\mathbb{N}$，存在有限支撑函数 $f\in l^2(G)$ 使得

$$\|f\|_2=1$$

和

$$\|f_n-\lambda_g f_n\|_2=\|f_n-g\cdot f_n\|_2\leqslant\frac{1}{2^n},$$

其中 $g\in G,l(g)\leqslant n$，λ 是 G 在 $l^2(G)$ 上的左正则表示.

定义希尔伯特空间为

$$H=\bigoplus_{n=1}^{\infty}l^2(G),$$

定义等距表示 $\pi:G\to\mathrm{Iso}(H)$ 为

$$\pi_g=\bigoplus_{n=1}^{\infty}\lambda_g.$$

令

$$b_g=\bigoplus_{n=1}^{\infty}(\lambda_g f_n-f_n),$$

设 α 是 G 在 H 的作用，具体为

$$\alpha_g v=\pi_g v+b_g,$$

其中 $v\in H$.

下面来说明α是G在H上的恰当仿射等距作用.

首先由于对任意$g\in G$，有

$$\begin{aligned}\|b_g\|_H^2 &= \sum_{n=1}^{\infty}\|\lambda_g f_n - f_n\|_2^2 \\ &\leqslant \sum_{n=1}^{l(g)}\|\lambda_g f_n - f_n\|_2^2 + \sum_{n=l(g)+1}^{\infty}\frac{1}{4^n} \\ &< \infty,\end{aligned}$$

上式表明对任意$g\in G$，$b_g\in H$，从而b是良定义的.

又

$$\begin{aligned}\pi_g b_h + b_g &= \pi_g \bigoplus_{n=1}^{\infty}(\lambda_h f_n - f_n) + \bigoplus_{n=1}^{\infty}(\lambda_g f_n - f_n) \\ &= \bigoplus_{n=1}^{\infty}(\lambda_{gh} f_n - \lambda_g f_n) + \bigoplus_{n=1}^{\infty}(\lambda_g f_n - f_n) \\ &= \bigoplus_{n=1}^{\infty}(\lambda_{gh} f_n - \lambda_g f_n + \lambda_g f_n - f_n) \\ &= b_{gh}.\end{aligned}$$

上式说明b是α的一个上循环，则α是G在H上的仿射等距作用.

还需要说明α是恰当的：

由于对任意$n\in\mathbb{N}$，存在$N_n\in\mathbb{N}$使得$l(g)\geqslant N_n$，且每个f_n都是有限支撑函数，则

$$\|\lambda_g f_n - f_n\|_2 = \sqrt{2}.$$

不妨假设N_n在$\mathbb{N}$上是递增的，令

$$\varphi(g) = \max\{n\in\mathbb{N}: N_n\leqslant l(g)\},$$

则

$$\|b_g\|_H^2 = \sum_{n=1}^{\infty}\|\lambda_g f_n - f_n\|_2^2 \geqslant \sum_{n=1}^{\varphi(g)} 2 = 2\varphi(g).$$

因为

$$\varphi(g)\to\infty, l(g)\to\infty,$$

所以

$$\|b_g\|_H \to \infty, l(g) \to \infty.$$

证毕.

a-T-menability 具有下列等价定义.

离散群 G 是 a-T-menable，如果满足下列条件之一：

（1）存在一个希尔伯特空间 H，G 在 H 上有一个恰当仿射等距作用；

（2）存在一个恰当条件负定函数 $\varphi: G \to \mathbb{R}^+$，即对所有 $g \in G$，$\varphi(g) = \varphi(g^{-1})$，且对任意 $g_1, \cdots, g_n \in G$，$\lambda_1, \cdots, \lambda_n \in \mathbb{R}, \sum_{i=1}^{n} \lambda_i = 0$，有

$$\sum_{i,j} \lambda_i \lambda_j \varphi(g_i^{-1} g_j) \leqslant 0 ;$$

（3）在 $C_0(G)$ 中存在一列正定函数 $(\phi_n)_{n \geqslant 1}$ 满足 $\phi_n(e_G) = 1$，且

$$\lim_{n \to \infty} \phi_n(g) = 1, \forall g \in G.$$

如果一个群恰当仿射等距作用在 $L^p (1 \leqslant p \leqslant \infty)$ 空间上，则称该群具有性质 PL^p.

3.4 纤维化余有限粗嵌入

纤维化粗嵌入的概念最早是在文献[36]提出的，它是粗嵌入定义的一般化.

定义 3.4.1[36] 度量空间 (X, d_X) 可纤维化粗嵌入到度量空间 (Y, d_Y)，如果 存在

（1）一族度量空间 $(Y_x)_{x \in X}$ 使得每个 Y_x 与 Y 等距；

（2）一个截面函数 $s: X \to \coprod_{x \in X} Y_x$，$s(x) \in Y_x$；

（3）存在两个非减函数 $\rho_1, \rho_2 : [0, \infty) \to [0, \infty)$，$\lim_{t \to \infty} \rho_i(t) = \infty \ (i = 1, 2)$，使得对任意 $r > 0$，存在一个有界子集 $K_r \subseteq X$ 使得对每个直径不超过 r 的子集 $C \subseteq X \setminus K_r$ 都存在平凡化映射

$$t_C:(Y_x)_{x\in C}\to C\times Y.$$

其中 t_C 在每个 $Y_x(x\in C)$ 的限制 $t_C|_{Y_x}:=t_C(x)$ 是 Y_x 到 Y 的仿射等距，且满足

（a）对任意 $x,y\in C$, 有 $\rho_1(d_X(x,y))\leqslant d_Y(t_C(x)(s(x)),t_C(y)(s(y)))\leqslant\rho_2(d_X(x,y))$；

（b）对于两个直径不超过 r 的子集 $C_1,C_2\subseteq X\setminus K_r$，且 $C_1\cap C_2\neq\varnothing$，存在仿射等距 $t_{C_1C_2}:Y\to Y$ 使得对任意 $x\in C_1\cap C_2$，有 $t_{C_1}(x)\circ t_{C_2}^{-1}(x)=t_{C_1C_2}$.

一列有限度量空间的粗不交并是粗几何中一类非常重要的研究对象，下面介绍这类空间的纤维化粗嵌入.

定义 3.4.2　设 X 是一列有限度量空间 $(X_i)_{i\in\mathbb{N}}$ 的粗不交并，X 可纤维化粗嵌入到度量空间 (Y,d_Y)，如果存在

（1）一族度量空间 $(Y_x)_{x\in X}$ 使得每个 Y_x 与 Y 等距；

（2）一个截面函数 $s:X\to\coprod_{x\in X}Y_x$，$s(x)\in Y_x$；

（3）存在两个非减函数 $\rho_1,\rho_2:[0,\infty)\to[0,\infty)$，$\lim_{t\to\infty}\rho_i(t)=\infty\,(i=1,2)$；

（4）一列非减实数 $0\leqslant l_0\leqslant l_1\leqslant\cdots\leqslant l_i\leqslant\cdots$ 且 $\lim_{i\to\infty}l_i=\infty$,

使得对每个 $x\in X_i$，存在平凡化映射

$$t_x:(Y_y)_{y\in B_{l_i}(x)}\to B_{l_i}(x)\times Y.$$

其中 $B_{l_i}(x)$ 是 X_i 中以 x 为圆心、以 l_i 为半径的球. t_x 在每个 $Y_z(z\in X_i)$ 的限制 $t_x|_{Y_z}:=t_x(z)$ 是 Y_z 到 Y 的仿射等距，且满足

（a）对任意 $z,z'\in B_{l_i}(x),x\in X_i,i\in\mathbb{N}$, 有 $\rho_1(d_X(z,z'))\leqslant d_Y(t_x(z)(s(z)),t_x(z')(s(z')))\leqslant\rho_2(d_X(z,z'))$；

（b）对任意 $x,y\in X_i$ 且 $B_{l_i}(x)\cap B_{l_i}(y)\neq\varnothing$，存在仿射等距 $t_{xy}:Y\to Y$ 使得对任意 $z\in B_{l_i}(x)\cap B_{l_i}(y)$，有 $t_x(z)\circ t_y^{-1}(z)=t_{xy}$.

关于纤维化粗嵌入有下列重要结论.

定理 3.4.1[36]　设 X 是具有有界几何的离散度量空间. 如果 X 能够纤维化粗嵌入到希尔伯特空间，则指标映射

$$\mu_{\max}:\lim_{d\to\infty}K_*(P_d(X))\to K_*(C^*_{\max}(X))$$

是一个同构. 即极大版本的粗 Baum-Connes 猜测成立.

对于度量空间的纤维化粗嵌入，也可只考虑它在无穷远处的纤维化粗嵌入.

定义 3.4.3 设度量空间 (X,d) 在无穷远处纤维化粗嵌入到希尔伯特空间，如果存在

（1）一族度量空间 $(H_x)_{x\in X}$；

（2）存在两个非减函数 $\rho_1,\rho_2:[0,\infty)\to[0,\infty)$， $\lim\limits_{t\to\infty}\rho_i(t)=\infty\ (i=1,2)$；

（3）一个参照希尔伯特空间 H，

使得对任意 $r>0$，存在一个有界子集 $K_r\subseteq X$ 使得对每个直径不超过 r 的子集 $C\subseteq X\setminus K_r$ 都存在平凡化映射

$$t_C:(H_x)_{x\in C}\to C\times H.$$

其中 t_C 在每个 $H_x(x\in X)$ 的限制 $t_C|_{H_x}:=t_C(x)$ 是 H_x 到 H 的仿射等距，且存在截面函数 $s_C:C\to\coprod\limits_{x\in C}H_x$， $s_C(x)\in H_x$，满足

（a）对任意 $x,y\in C$, 有 $\rho_1(d(x,y))\leqslant\|t_C(x)(s_C(x))-t_C(y)(s_C(y))\|\leqslant\rho_2(d(x,y))$.

（b）对于两个直径不超过 r 的子集 $C_1,C_2\subseteq X\setminus K_r$，且 $C_1\cap C_2\neq\varnothing$，有

① 存在仿射等距 $t_{C_1C_2}:H\to H$ 使得对任意 $x\in C_1\cap C_2$，有 $t_{C_1}(x)\circ t_{C_2}^{-1}(x)=t_{C_1C_2}$；

② 存在常数 $c>0$ 对任意 $x\in C_1\cap C_2$, 有 $\|t_{C_1}(x)(s_{C_1}(x))-t_{C_2}(y)(s_{C_2}(y))\|<c$.

在无穷远处的纤维化粗嵌入是一个粗不变量，且有下面的等价刻画.

命题 3.4.1 设度量空间 (X,d) 可在无穷远处纤维化粗嵌入到希尔伯特空间当且仅当下列条件成立：存在希尔伯特空间 H，对任意 $R,\varepsilon>0$，存在 $S(R,\varepsilon)\geqslant\left[\dfrac{1}{\varepsilon}\right]$，使得对任意 $r>0$，存在有界子集 $K_r\subseteq X$ 使得对任意直径不超过 r 的子集 $C\subseteq X\setminus K_r$，存在希尔伯特值映射 $\xi_C:C\to H$ 满足

（1）对任意 $x\in X$ ，$\|\xi_C(x)\|=1$ ；

（2）$\sup\{\|\xi_C(x)-\xi_C(y)\|:d(x,y)\leqslant R,x,y\in C\}\leqslant\varepsilon$ ；

（3）如果 $x,y\in C$ 且 $d(x,y)\geqslant S(R,\varepsilon)$ ，则有 $\|\xi_C(x)-\xi_C(y)\|\geqslant 1$ ；

（4）对于两个直径不超过 r 的子集 $C_1,C_2\subseteq X\setminus K_r$ ，且 $C_1\cap C_2\neq\varnothing$ ，有 $\|\xi_{C_1}(x)-\xi_{C_2}(x)\|\leqslant\varepsilon$.

证明 若度量空间 (X,d) 可在无穷远处纤维化粗嵌入到希尔伯特空间，则定义 3.4.3 中的条件成立. 固定 $r>0$ ，令

$$F_C=t_C\circ s_C:C\to H,$$

即

$$F_C(x)=t_C(x)f_C(x),x\in C.$$

记

$$Exp(H):=\mathbb{R}\oplus H\oplus(H\otimes H)\oplus\cdots\oplus(\underbrace{H\otimes\cdots\otimes H}_{n})\oplus\cdots,$$

定义映射 $Exp:H\to Exp(H)$ 为

$$Exp(v)=1\oplus v\oplus\left(\frac{1}{\sqrt{2}}v\otimes v\right)\oplus\cdots\oplus\left(\frac{1}{\sqrt{n!}}\underbrace{v\otimes\cdots\otimes v}_{n}\right)\oplus\cdots.$$

注意到，对任意 $v,v'\in H$ ，有

$$\langle Exp(v),Exp(v')\rangle=\mathrm{e}^{\langle v,v'\rangle}.$$

对任意 $t>0$ 定义

$$\xi_C(x)=\mathrm{e}^{-t\|F_C(x)\|^2}Exp(\sqrt{2}F_C(x)).$$

则有

$$\langle\xi_C(x),\xi_C(y)\rangle=\mathrm{e}^{-t\|F_C(x)-F_C(y)\|^2}.$$

所以，对任意 $x,y\in C$ ，有

$$\|\xi_C(x)\|=1$$

和

$$e^{-t\rho_2(d(x,y))^2} \leqslant \langle \xi_C(x), \xi_C(y) \rangle \leqslant e^{-t\rho_1(d(x,y))^2}. \tag{3.1}$$

令

$$\tilde{\varepsilon} = \min\left\{\frac{\varepsilon^2}{2}, \frac{\varepsilon^2}{2c}\right\}$$

和

$$t_0 = \frac{\tilde{\varepsilon}}{1+\rho_2(R)^2}.$$

如果 $v, w \in H$ 是单位向量，则有

$$\|v-w\|^2 = 2-2\langle v, w\rangle.$$

因此，可以得到

$$\begin{aligned}\|\xi_C(x)-\xi_C(y)\|^2 &= 2-2\langle \xi_C(x), \xi_C(y)\rangle \\ &\leqslant 2-2e^{-t_0\rho_2(d(x,y))^2}.\end{aligned}$$

注意到，对任意 $x>0$，有

$$1-e^x < -x.$$

如果 $d(x,y) \leqslant R$，则有

$$\begin{aligned}\|\xi_C(x)-\xi_C(y)\|^2 &= 2-2e^{-\frac{\tilde{\varepsilon}\rho_2(d(x,y))}{1+\rho_2(R)^2}} \\ &\leqslant 2-2e^{-\tilde{\varepsilon}} \\ &< 2\tilde{\varepsilon} \\ &\leqslant \varepsilon^2.\end{aligned}$$

由式（3.1）知

$$\begin{aligned}\|\xi_C(x)-\xi_C(y)\|^2 &= 2-2\langle \xi_C(x), \xi_C(y)\rangle \\ &\geqslant 2-2e^{-t_0\rho_1(d(x,y))^2},\end{aligned} \tag{3.2}$$

且

$$\lim_{t\to\infty} e^{-t_0\rho_1(t)} = 0,$$

因此存在 $S(R,\varepsilon)>0$，使得如果 $x,y\in C, d(x,y)\geqslant S(R,\varepsilon)$，有

$$\|\xi_C(x)-\xi_C(y)\|\geqslant 1.$$

进一步，可以使得 $S(R,\varepsilon)\geqslant\left[\frac{1}{\varepsilon}\right]$.

注意到，对任意 $r>0$ 和子集 C，总有不等式(3.2)成立，所以 $S(R,\varepsilon)$ 只依赖于 R 和 ε.

$C_1,C_2\subseteq X\setminus K_r$ 是两个直径不超过 r 的子集，且 $C_1\cap C_2\neq\varnothing$，对任意 $x\in C_1\cap C_2$，有

$$\begin{aligned}\|\xi_{C_1}(x)-\xi_{C_2}(x)\|^2 &= 2-2\langle \xi_{C_1}(x),\xi_{C_2}(x)\rangle\\ &= 2-2e^{-t_0\|F_{C_1}(x)-F_{C_2}(x)\|^2}\\ &\leqslant 2-2e^{-c\tilde{\varepsilon}}\\ &\leqslant 2c\tilde{\varepsilon}\\ &\leqslant \varepsilon^2.\end{aligned}$$

另外，如果度量空间 (X,d) 满足命题中的条件，下面证明该度量空间可在无穷远处纤维化粗嵌入到希尔伯特空间.

固定一个 $r>0$，存在有界子集 $K_r\subseteq X$ 使得对任意直径不超过 r 的子集 $C\subseteq X\setminus K_r$ 满足定义中的条件. 所以对每一个自然数 n，取 $\varepsilon=\frac{1}{n}$，则存在一列映射 $\phi_C^n: C\to H_n$ 和一列递增到无穷的实数 $S_0=0<S_1<S_2<\cdots$，并且这列映射和这列实数只依赖于 r 和 C，使得对任意 $n\geqslant 1$，有

（a）$\|\phi_C^n(x)\|=1, \forall x\in C$；

（b）如果 $x,y\in C, d(x,y)\leqslant\sqrt{n}$，则 $\|\phi_C^n(x)-\phi_C^n(y)\|\leqslant\frac{1}{n}$；

（c）如果 $x,y\in C, d(x,y)\geqslant S_n$，则 $\|\phi_C^n(x)-\phi_C^n(y)\|\geqslant 1$；

（d）$C_1,C_2\subseteq X\setminus K_r$ 是两个直径不超过 r 的子集，且 $C_1\cap C_2\neq\varnothing$，对任意

$x\in C_1\cap C_2$，有 $\left\|\phi_{C_1}^n(x)-\phi_{C_2}^n(x)\right\|\leqslant\frac{1}{n}$.

令

$$m=\max\{100,[100r]\}.$$

定义映射 $\Phi_C:C\to\bigoplus_{n=1}^{m}H_n$ 为

$$\Phi_C(x)=\frac{1}{2}[\phi_C^1(x)\oplus\phi_C^2(x)\oplus\cdots\oplus\phi_C^m(x)].$$

对任意 $x,y\in C$，如果 n 满足 $\sqrt{n-1}\leqslant d(x,y)<n$，则有 $n<m$，所以

$$\begin{aligned}&\left\|\Phi_C(x)-\Phi_C(y)\right\|^2\\=&\frac{1}{4}\sum_{i\leqslant n-1}\left\|\phi_C^i(x)-\phi_C^i(y)\right\|^2+\frac{1}{4}\sum_{i=n}^{m}\left\|\phi_C^i(x)-\phi_C^i(y)\right\|^2\\\leqslant&(n-1)+\frac{1}{4}\sum_{i=n}^{m}\frac{1}{i^2}\\\leqslant&d(x,y)^2+1\\\leqslant&(d(x,y)+1)^2.\end{aligned}$$

则可令

$$\rho_2(t)=t+1,t\in[0,\infty).$$

类似地，如果 n 满足 $S_{n-1}\leqslant d(x,y)<S_n$，则有 $n-1\leqslant S_{n-1}\leqslant d(x,y)<r<m$，所以

$$\begin{aligned}&\left\|\Phi_C(x)-\Phi_C(y)\right\|^2\\\geqslant&\frac{1}{4}\sum_{i\leqslant n-1}\left\|\phi_C^i(x)-\phi_C^i(y)\right\|^2\\\geqslant&\frac{n-1}{4}.\end{aligned}$$

则可令

$$\rho_1(t)=\frac{1}{2}\sum_{n=1}^{\infty}\chi_{[S_{n-1},S_n)}(t),t\in[0,\infty),$$

其中 $\chi_{[S_{n-1},S_n)}$ 是 $[S_{n-1},S_n)$ 上的特征函数.

因此，可以得到

$$\rho_1(d(x,y))\leqslant\|\Phi_C(x)-\Phi_C(y)\|\leqslant\rho_2(d(x,y)).$$

另外，如果 $C_1,C_2\subseteq X\setminus K_r$ 是两个直径不超过 r 的子集，且 $C_1\cap C_2\neq\varnothing$，对任意 $x\in C_1\cap C_2$，有

$$\begin{aligned}&\left\|\Phi_{C_1}(x)-\Phi_{C_2}(x)\right\|^2\\&=\frac{1}{4}\sum_{i=1}^{m}\left\|\phi_{C_1}^i(x)-\phi_{C_2}^i(x)\right\|^2\\&\leqslant\frac{1}{4}\sum_{i=1}^{\infty}\frac{1}{i^2}\\&\leqslant1.\end{aligned}$$

现在取一族希尔伯特空间为 $\coprod_{x\in X}H_x$，其中 $H_x=H$.

定义平凡化映射为 H 上的恒等映射：

$$t_C(x)=id_H:H_x\to H.$$

定义截面函数 $s_C:C\to\coprod_{x\in X}H_x$ 为

$$s_C=t_C^{-1}\circ\Phi_C.$$

命题得证.

证毕.

在文献[108]中，K. Orzechowski 修正了纤维化粗嵌入的概念，使得它适用于剩余顺从群对应的盒子空间.

定义 3.4.4[108] 如果一族度量空间的不交并 $\mathcal{X}$ 可纤维化余有限粗嵌入到度量空间 (Y,d_Y)，如果存在

（1）一族度量空间 $(Y_x)_{x\in\bigcup\mathcal{X}}$ 使得每个 Y_x 与 Y 等距；

（2）一个截面函数 $s:\bigcup\mathcal{X}\to\coprod_{x\in\bigcup\mathcal{X}}Y_x$，$s(x)\in Y_x$；

（3）存在两个非减函数 $\rho_1,\rho_2:[0,\infty)\to[0,\infty)$，$\lim_{t\to\infty}\rho_i(t)=\infty(i=1,2)$，使得对任意 $r>0$，存在一个有限子空间族 $K_r\subseteq\mathcal{X}$ 使得对任意 $(X,d_X)\in\mathcal{X}\setminus K_r$ 和任意一个直径不超过 r 的子集 $C\subseteq X$，都存在平凡化映射

$$t_C:(Y_x)_{x\in C}\to C\times Y.$$

其中 t_C 在每个 $Y_x(x\in X)$ 的限制 $t_C|_{Y_x}:=t_C(x)$ 是 Y_x 到 Y 的仿射等距，且满足

（a）对任意 $x,y\in C$，有 $\rho_1(d_X(x,y))\leqslant d_Y(t_C(x)(s(x)),t_C(y)(s(y)))\leqslant\rho_2(d_X(x,y))$；

（b）对于两个直径不超过 r 的子集 $C_1,C_2\subseteq X$，且 $C_1\cap C_2\neq\varnothing$，存在仿射等距 $t_{C_1C_2}:Y\to Y$ 使得对任意 $x\in C_1\cap C_2$，有 $t_{C_1}(x)\circ t_{C_2}^{-1}(x)=t_{C_1C_2}$.

如果剩余顺从群 G 的盒子空间 $Box(G)$ 能够纤维化粗嵌入到度量空间 Y 中，则 G 的盒子族 $\mathcal{X}:=(G/G_n:n\in\mathbb{N})$ 能够纤维化余有限粗嵌入到 Y 中. 所以对于剩余有限群，纤维化粗嵌入（对应盒子空间）和纤维化余有限粗嵌入（对应盒子族）的概念是等价的.

3.5 超滤子和超积

这一小节主要介绍超滤子和超积，并由一族局部仿射等距作用建立一个全局仿射等距作用.

记 $\mathcal{P}(A)$ 为集合 A 的子集的全体.

定义 3.5.1 设 $\mathcal{U}$ 是 $\mathcal{P}(\mathbb{N})$ 的一个子集. $\mathcal{U}$ 叫作 $\mathbb{N}$ 上的非主超滤子，如果满足下列条件：

（1）$\varnothing\in\mathcal{U}$；

（2）如果 $A,B\in\mathcal{P}(\mathbb{N})$ 且 $A\subseteq B,A\in\mathcal{U}$，则 $B\in\mathcal{U}$；

（3）如果 $A\in\mathcal{P}(\mathbb{N})$，则 $A\in\mathcal{U}$ 或 $\mathbb{N}\setminus A\in\mathcal{U}$；

（4）$\mathcal{U}$ 不包含 $\mathbb{N}$的任何有限子集.

设 $(x_r)_{r\in\mathbb{N}}$ 是有界实数列，$\mathcal{U}$ 是 $\mathbb{N}$上的一个非主超滤子. 如果存在实数 x，使得对任意 $\varepsilon>0$，总有 $\{r\in\mathbb{N}:|x_r-x|\leqslant\varepsilon\in\mathcal{U}$，则称 x 为 $(x_r)_{r\in\mathbb{N}}$ 的 $\mathcal{U}$-极限，记 $x=\lim_{\mathcal{U}} x_r$.

下面将介绍一族巴拿赫空间的超积.

设 $(B_r)_{r\in\mathbb{N}}$ 是一族巴拿赫空间，$\mathcal{U}$ 是 $\mathbb{N}$ 上的一个非主超滤子. 考虑下面一个空间：

$$l^\infty(\mathbb{N},(B_r)_{r\in\mathbb{N}}):=\{(a_r)\in\prod_{r\in\mathbb{N}}B_r:\sup_{r\in\mathbb{N}}\|a_r\|_{B_r}\leqslant\infty\}.$$

定义 $l^\infty(\mathbb{N},(B_r)_{r\in\mathbb{N}})$ 上的半范数为

$$\|a_r\|_{\mathcal{U}}:=\lim_{\mathcal{U}}\|a_r\|_{B_r},$$

其中 $(a_r)\in l^\infty(\mathbb{N},(B_r)_{r\in\mathbb{N}})$.

定义

$$(a_r)\sim_{\mathcal{U}}(b_r)\Leftrightarrow\|(a_r)-(b_r)\|_{\mathcal{U}}=0,$$

其中 $(a_r),(b_r)\in l^\infty(\mathbb{N},(B_r)_{r\in\mathbb{N}})$. 很容易验证，上式定义了 $l^\infty(\mathbb{N},(B_r)_{r\in\mathbb{N}})$ 上的一个等价关系 $\sim_{\mathcal{U}}$，则空间 $l^\infty(\mathbb{N},(B_r)_{r\in\mathbb{N}})/\sim_{\mathcal{U}}$ 在范数 $\|\cdot\|_{B_{\mathcal{U}}}:=\|\cdot\|_{\mathcal{U}}$ 下的闭包称为 $(B_r)_{r\in\mathbb{N}}$相对于非主超滤子 $\mathcal{U}$ 的超积 $B_{\mathcal{U}}$，即

$$B_{\mathcal{U}}=\overline{l^\infty(\mathbb{N}(B_r)_{r\in\mathbb{N}})/\sim_{\mathcal{U}}}^{\|\cdot\|_{B_{\mathcal{U}}}}.$$

显然，$B_{\mathcal{U}}$ 是巴拿赫空间.

定义 3.5.2[4] 设 G 是一个有限生成群，l 是 G 上的恰当长度函数，r 是一个非负实数.

（1）设 X 是一个集合. 映射 $\alpha:G\times X\to X$ 叫作 G 在 X 上的 r-局部作用，如果满足

（a）对任意 $g\in G,l(g)<r$, 映射 $\alpha(g):X\to X$ 是双射；

（b）对任意 $g,h\in G,l(g),l(h),l(gh)$ 均小于 r，则 $\alpha(gh)=\alpha(g)\alpha(h)$.

（2）设 B 是一个巴拿赫空间. 映射 $L:G\times B\to B$ 叫作 G 在 B 上的 r-局部等距表示，如果 L 是 G 在 B 上的 r-局部作用，并且对任意 $g\in G,l(g)<r$，有 $L(g):B\to B$ 是一个线性等距. 由 Mazur-Ulam 定理知，存在映射 $b:G\to B$，使得对任意 $g,h\in G,l(g),l(h),l(gh)$ 均小于 r，有

$$L(g)b(h)+b(g)=b(gh),$$

b 叫作相对于 L 的 r-局部上循环.

（3）设 B 是一个巴拿赫空间. 映射 $\alpha:G\times B\to B$ 叫作 G 在 B 上的 r-局部仿射等距作用，如果对任意 $\xi\in B$，有

$$\alpha(g)(\xi)=L(g)(\xi)+b(g),$$

其中 L 是 G 在 B 上的 r-局部等距表示，b 是相对于 L 的 r-局部上循环.

下面给出非常重要的引理.

引理 3.5.1[3] 设 $(B_r)_{r\in\mathbb{N}}$ 是一族具有公共凸性模的一致凸巴拿赫空间，$\mathcal{U}$ 是 $\mathbb{N}$ 上任意一个非主超滤子，则 $(B_r)_{r\in\mathbb{N}}$ 相对于 $\mathcal{U}$ 的超积 $B_{\mathcal{U}}$ 是一致凸的.

下面的引理3.5.2将说明怎样由一族局部仿射等距作用建立一个全局仿射等距作用.

引理 3.5.2[4] 设 G 是一个有限生成群，$(B_r)_{r\in\mathbb{N}}$ 是一族巴拿赫空间，$\mathcal{U}$ 是 $\mathbb{N}$上的一个非主超滤子，$B_{\mathcal{U}}$ 是 $(B_r)_{r\in\mathbb{N}}$ 相对于 $\mathcal{U}$ 的超积. 对任意 $r\in\mathbb{N}$，假设 α_r 是 G 在 B_r 上的一个 r-局部仿射等距作用：

$$\alpha_r(g)\bullet=L_r(g)\bullet+b_r(g).$$

如果对所有 $g\in G$，有 $(b_r(g))_{r\in\mathbb{N}}\in B_{\mathcal{U}}$，则 G 在 $B_{\mathcal{U}}$ 上存在一个仿射等距作用 α：

$$\alpha(g)\bullet=L(g)\bullet+b(g),$$

其中 L 是 G 在超积 $B_{\mathcal{U}}$ 上的等距表示，且满足对任意 $g\in G$ 和 $a=(a_r)_{r\in\mathbb{N}}\in B_{\mathcal{U}}$，有 $L(g)a=(L_r(g)a_r)_{r\in\mathbb{N}}$ 成立. $b:G\to B_{\mathcal{U}}$ 是相对于 L 的上循环，且满足对任意 $g\in G$，有

$$b(g)=(b_r(g))_{r\in\mathbb{N}}.$$

证明 首先，证明 L 是 G 在超积 $B_{\mathcal{U}}$ 上的等距表示.

设 $g,h\in G$， $a=(a_r)_{r\in\mathbb{N}}\in B_{\mathcal{U}}$. 对任意 $\varepsilon>0$，可知集合

$$\{r\in\mathbb{N}:\|L_r(g)L_r(h)a_r-L_r(gh)a_r\|_{B_r}>\varepsilon\}$$

是有限的，由超滤子的定义知，它的补集为

$$\{r\in\mathbb{N}:\|L_r(g)L_r(h)a_r-L_r(gh)a_r\|_{B_r}\leqslant\varepsilon\}\in\mathcal{U}.$$

由超积的定义，可得到对任意 $g,h\in G$，有

$$L(g)L(h)=L(gh).$$

所以，L 是 G 在 $B_{\mathcal{U}}$ 上的表示.

另外，对任意 $g\in G$，当 r 充分大时，$L_r(g)$ 是 B_r 上的等距同构. 类似地，可以得到 $L(g)$ 是 $B_{\mathcal{U}}$ 上的等距同构. 所以，L 是 G 在 $B_{\mathcal{U}}$ 上的等距表示.

其次，需要证明 b 是相对于 L 的上循环.

设 $g,h\in G$，l 是 G 上的长度函数，对于 $r\in\mathbb{N}$且满足

$$r>\max\{l(g),l(h),l(gh)\},$$

有

$$b_r(gh)=L_r(g)b_r(h)+b_r(g),$$

因此，对任意 $g,h\in G$，有

$$b(gh)=L(g)b(h)+b(g),$$

所以 b 是相对于 L 的上循环.

由上述两方面，可以得到映射 $\alpha:G\times B\to B$，则

$$\alpha(g)\bullet=L(g)\bullet+b(g)$$

是 G 在 $B_{\mathcal{U}}$ 上的一个仿射等距.

证毕.

3.6 刻画一致凸巴拿赫空间上的仿射等距作用

这一节主要证明本章定理 1.

命题 3.6.1 设 G 是一个可数剩余顺从群，如果 G 的一个盒子族能够纤维化余有限粗嵌入到一个一致凸巴拿赫空间中，则存在一个一致凸巴拿赫空间 B'，且 G 能够恰当仿射等距作用在 B' 上.

证明 设 $1\leqslant p<\infty$，$(G_n)_{n\in\mathbb{N}}$ 是一列满足定义 3.2.3 的正规子群，相应的盒子族记为

$$\mathcal{X}:=\{(G/G_n,d_n):n\in\mathbb{N}\},$$

其中每个商群 G/G_n 是顺从群，d_n 是商群上的度量（参见 3.2 节），且盒子族 $\mathcal{X}$ 可纤维化余有限粗嵌入到一致凸巴拿赫空间 B.

令

$$X_n=G/G_n,$$

固定 $r>0$，K_r 满足定义 3.4.4. 因为 K_r 是有限族，则存在 n_r 使得 $(X_{n_r},d_{n_r})\in\mathcal{X}\setminus K_r$ 对每个直径不超过 r 的子集 $C\subseteq X_{n_r}$，存在满足定义 3.4.4 中条件（a）和（b）的平凡化映射 t_C.

可以选择足够大的 n_r 使得商映射 $\pi_{n_r}:G\to X_{n_r}$ 是 r-等距，即对每个直径不超过 r 的子集 $Y\subseteq G$，$(\pi_{n_r})|_Y$ 是等距.

对任意 $z\in X_{n_r}$，记

$$C_z:=\{x\in X_{n_r}:d_{X_{n_r}}(z,x)<r\}$$

为 X_{n_r} 中以 z 为圆心、r 为半径的球.

对任意 $x\in X_{n_r}$，定义 B 中的向量 $c_r^z(x)$ 为

$$c_r^z(x)=\begin{cases}t_{C_z}(z)(s(z))-t_{C_z}(zx)(s(zx)), & d_{X_{n_r}}(e,x)<r(\text{i.e. }\ x\in C_e)\\ 0, & \text{其他}\end{cases}$$

其中 e 是 X_{n_r} 中的单位元.

设ρ_1,ρ_2为定义 3.4.4 中的控制函数，则对任意$x\in C_e$，有

$$\rho_1(d_{X_{n_r}}(e,x))\leqslant\left\|c_r^z(x)\right\|_B\leqslant\rho_2(d_{X_{n_r}}(e,x)).$$

考虑映射$\tilde{b}_r:X_{n_r}\to\prod_{z\in X_{n_r}}B$，对任意$x\in X_{n_r}$，有

$$\tilde{b}_r(x)=(c_r^z(x))_{z\in X_{n_r}}.$$

下面给出空间$\prod_{z\in X_{n_r}}B$上的范数定义.

由于G是剩余顺从群，则X_{n_r}是顺从的. 由顺从群的一个等价定义知，存在一个有限可加的右不变概率测度$\mu_{n_r}:2^{X_{n_r}}\to[0,1]$. 对任意$\xi=(\xi_z)_{z\in X_{n_r}}\in\prod_{z\in X_{n_r}}B,\xi_z\in B$，定义

$$\|\xi\|_p=\left(\int_{X_{n_r}}\|\xi_z\|_B^p\,\mathrm{d}\mu_{n_r}(z)\right)^{\frac{1}{p}}.$$

因此，如果$x\notin C_e$，则$\tilde{b}_r=0$；如果$x\in C_e$，则

$$\rho_1(d_{X_{n_r}}(e,x))\leqslant\left\|\tilde{b}_r(x)\right\|_p=\left(\int_{X_{n_r}}\left\|c_r^z(x)\right\|_B^p\,\mathrm{d}\mu_{n_r}(z)\right)^{\frac{1}{p}}\leqslant\rho_2(d_{X_{n_r}}(e,x)).$$

对任意$x\in C_e$，定义映射$\tilde{\sigma}_r(x):\prod\limits_{z\in X_{n_r}}B\to\prod\limits_{z\in X_{n_r}}B[0,1]$为

$$\tilde{\sigma}_r(x)(\xi)=\begin{cases}(t_{C_z}t_{C_{zx}}(\xi_{zx}))_{z\in X_{n_r}}, & x\in C_e\\ \xi, & \text{其他}\end{cases}$$

其中$\xi=(\xi_z)_{z\in X_{n_r}}\in\prod\limits_{z\in X_{n_r}}B$.

下面来说明$\tilde{\sigma}_r$是一个r-局部等距表示，$\tilde{b}_r$是相对于$\tilde{\sigma}_r$的r-局部上循环.

首先，对任意$x\in X_{n_r}$，很容易得到$\tilde{\sigma}_r(x)$是一个等距表示；对任意$z\in X_{n_r}$，$x,y\in C_e$，由定义 3.4.4（b）知，若$d_{X_{n_r}}(e,yx)<r$，则有

$$t_{C_z}t_{C_{zy}}\circ t_{C_{zy}C_{zyx}}=t_{C_zC_{zyx}}.$$

设$x,y,yx\in C_e$，对任意$\xi\in\prod_{z\in X_{n_r}}B$，有

$$\begin{aligned}\tilde{\sigma}_r(yx)(\xi) &= (t_{C_zC_{zyx}}(\xi_{zyx}))_{z\in X_{n_r}} \\ &= (t_{C_zC_{zy}}\circ t_{C_{zy}C_{zyx}}(\xi_{zyx}))_{z\in X_{n_r}}\end{aligned}$$

和

$$\begin{aligned}\tilde{\sigma}_r(y)\tilde{\sigma}_r(x)(\xi) &= \tilde{\sigma}_r(y)(t_{C_zC_{zx}}(\xi_{zx}))_{z\in X_{n_r}} \\ &= (t_{C_zC_{zy}}\circ t_{C_{zy}C_{zyx}}(\xi_{zyx}))_{z\in X_{n_r}}.\end{aligned}$$

从而

$$\tilde{\sigma}_r(yx) = \tilde{\sigma}_r(y)\tilde{\sigma}_r(x).$$

所以，$\tilde{\sigma}_r$ 是 X_{n_r} 在 $\prod_{z\in X_{n_r}} B$ 上的一个 r-局部等距表示.

另外，对任意 $x, y\in C_e$ 且 $d_{X_{n_r}}(e, yx) < r$，有

$$\tilde{\sigma}_r(y)(\tilde{b}_r(x)) + \tilde{b}_r(y) = \tilde{b}_r(yx).$$

事实上，

$$\begin{aligned}t_{C_zC_{zy}}(c_r^{zy}(x)) &= t_{C_zC_{zy}}(t_{C_{zy}}(zy)(s(zy)) - t_{C_{zy}}(zyx)(s(zyx))) \\ &= t_{C_zC_{zy}}\circ t_{C_{zy}}(zy)(s(zy)) - t_{C_zC_{zy}}\circ t_{C_{zy}}(zyx)(s(zyx)) \\ &= t_{C_z}(zy)(s(zy)) - t_{C_z}(zyx)(s(zyx)).\end{aligned}$$

上述不等式是由定义 3.4.4（b）得到的，则

$$\begin{aligned}t_{C_zC_{zy}}(c_r^{zy}(x)) + c_r^z(y) &= t_{C_z}(z)(s(z)) - t_{C_z}(zyx)(s(zyx)) \\ &= c_r^z(yx).\end{aligned}$$

所以

$$\begin{aligned}\tilde{\sigma}_r(y)(\tilde{b}_r(x)) + \tilde{b}_r(y) &= (t_{C_zC_{zy}}(c_r^{zy}(x)) + c_r^z(y))_{z\in X_{n_r}} \\ &= (c_r^{zy}(yx))_{z\in X_{n_r}} \\ &= \tilde{b}_r(yx),\end{aligned}$$

这样就证明了 $\tilde{b}_r$ 是相对于 $\tilde{\sigma}_r$ 的 r-局部上循环.

设 $\sigma_r := \tilde{\sigma}_r\circ\pi_{n_r}$，$b_r := \tilde{b}_r\circ\pi_{n_r}$ 分别是 $\tilde{\sigma}_r$ 和 $\tilde{b}_r$ 到 G 上的 r-球 $\{g\in G : d_G(e_G, g) < r\}$ 的提升. 在球的外部，定义 $\sigma_r = Id$，$b_r = 0$. 显然，σ_r 是 G 在

$\prod_{z\in X_{n_r}} B$ 上的一个 r-局部等距表示，b_r 是相对于 σ_r 的 r-局部上循环. 如果定义映射 $\alpha_r: G\times\prod_{z\in X_{n_r}} B\to\prod_{z\in X_{n_r}} B$ 为

$$\alpha_r(g)(\xi):=\sigma_r(g)(\xi)+b_r(g),$$

其中 $\xi\in\prod_{z\in X_{n_r}} B$. 则 α_r 是 G 在 $\prod_{z\in X_{n_r}} B$ 上的 r-局部仿射等距作用.

对任意 G 在 $g\in G$ 且 $d_G(e_G,g)<r$，有

$$\rho_1(d_G(e_G,g))\leqslant\|b_r(g)\|_p\leqslant\rho_2(d_G(e_G,g)).$$

由引理 3.5.2 知，从这些局部仿射等距作用，可以构造出 G 的一个全局仿射等距作用.

设 $\mathcal{U}$ 是 $\mathbb{N}$ 上任意一个非主超滤子，$B_{\mathcal{U}}$ 是 $(\prod_{z\in X_{n_r}} B)_{r\in\mathbb{N}}$ 相对于 $\mathcal{U}$ 的超积. 对每个 $r\in\mathbb{N}$，α_r 是 G 在 $\prod_{z\in X_{n_r}} B$ 上的 r-局部仿射等距作用. 对任意 $g\in G$，$r\in\mathbb{N}$，有

$$\|b_r(g)\|_p\leqslant\rho_2(d_G(e_G,g)),$$

所以

$$(b_r(g))_{r\in\mathbb{N}}\in B_{\mathcal{U}}.$$

由引理 3.5.2 知，存在一个 G 在 $B_{\mathcal{U}}$ 上的仿射等距作用 α 使得

$$b: g\mapsto(b_r(g))_{r\in\mathbb{N}}$$

是相对于 α 的上循环.

另外，对任意 $g\in G$，$\rho_1(d_G(e_G,g))\leqslant\|b_r(g)\|_p$ 对所有充分大的 r 均成立，则有

$$\rho_1(d_G(e_G,g))\leqslant\|b(g)\|_{B_{\mathcal{U}}}.$$

由于

$$\lim_{t\to\infty}\rho_1(t)=\infty,$$

所以，当$l(g)\to\infty$时，

$$\|b(g)\|_{B_{\mathcal{U}}}\to\infty.$$

因此，α是恰当的.

下面证明$B_{\mathcal{U}}$是一致凸巴拿赫空间.

由定理 3.2.1，可以得到$\prod_{X_{n_r}}B$是一致凸的. 令

$$E_i:=\prod_{X_{n_{r_i}}}B, i\in\mathbb{N}.$$

则$\{E_i\}_{i\in\mathbb{N}}$是一族具有公共凸性模的一致凸巴拿赫空间. 事实上，不妨假设G/G_1是可数无限的，从而对每个$n\in\mathbb{N}$，G/G_n是可数无限的. 又因为对每个$i\in\mathbb{N}$，E_i与$\oplus_{j\in\mathbb{N}}B$同构，所以$\{E_i\}_{i\in\mathbb{N}}$具有公共凸性模. 由引理 3.5.1 知，$B_{\mathcal{U}}$是一个一致凸巴拿赫空间. 这样就得到了G在一致凸巴拿赫空间上的恰当仿射等距作用.

令$B'=B_{\mathcal{U}}$，则命题得证.

证毕.

现在考虑上述命题的逆命题.

命题 3.6.2 设G是一个可数剩余顺从群，如果G能够恰当仿射等距作用在一致凸巴拿赫空间上，则G的任意一个盒子族能够纤维化余有限粗嵌入到一个一致凸巴拿赫空间.

证明 设$(G_N)_{n\in\mathbb{N}}$是满足剩余顺从群定义条件的一列正规子群，相应的盒子族记

$$\mathcal{X}:=\{(G/G_n,d_n):n\in\mathbb{N}\}.$$

由假设知，存在一个一致凸巴拿赫空间B和G在B上的一个恰当仿射等距作用，即存在一个同态

$$\alpha:G\to\mathrm{AffIso}(B),$$

对于$g\in G,\xi\in B$, 有

$$\alpha(g)(\xi) = L(g)(\xi) + b(g).$$

其中映射 L 是 G 在 B 上的等距表示，b 是相对于 L 的上循环，满足对任意 $g,h \in G$,

$$b(gh) = L(g)b(h) + b(g).$$

注意到，当 $g,h \in e_G$, 有 $b(e_G) = 0$.

对每个 $n \in \mathbb{N}$，G_n 在 $G \times B$ 存在一个自然的作用：

$$g(x,\xi) := (gx, \alpha(g)(\xi)).$$

其中 $g \in G_n, x \in G, \xi \in B$．记 (x,ξ) 的轨道为 $[(x,\xi)]$，$\pi_n : G \to G/G_n$ 是商映射.

设 $\pi_n(a) = G_n a = [a]$ 是 G/G_n 中的元素，则上述群作用可限制在 $G_n a \times B$ 上.

定义

$$B_{[a]} := (G_n a \times B)/G_n,$$

则 $B_{[a]}$ 是轨道空间.

定义 $B_{[a]}$ 上的度量为

$$d_{B_{[a]}}([(x,\xi)],[(x',\xi')]) := \left\| \xi' - \alpha(x'x^{-1})(\xi) \right\|_B.$$

下面来说明 $d_{B_{[a]}}$ 是良定义.

设 $x,x',x'' \in G_n a, \xi,\xi',\xi'' \in B, g,g' \in G$，注意到 $\alpha(g')$ 是仿射等距，则

$$\begin{aligned}
& d_{B_{[a]}}([(gx,\alpha(g)(\xi))],[(g'x',\alpha(g')(\xi'))]) \\
&= \left\| \alpha(g')(\xi') - \alpha(g'x'x^{-1}g^{-1})\alpha(g)(\xi) \right\|_B \\
&= \left\| \alpha(g')(\xi') - \alpha(g'x'x^{-1})(\xi) \right\|_B \\
&= \left\| \xi' - \alpha(x'x^{-1}) \right\|_B \\
&= d_{B_{[a]}}([(x,\xi)],[(x',\xi')]),
\end{aligned}$$

所以，$d_{B_{[a]}}$ 的定义不依赖于代表元的选取. 还需验证 $d_{B_{[a]}}$ 满足度量的三个基本条件：

（1）显然 $d_{B_{[a]}} \geqslant 0$．若

$$d_{B_{[a]}}([(x,\xi)],[(x',\xi')]) = 0,$$

则有

$$\xi' = \alpha(x'x^{-1})(\xi),$$

从而

$$\begin{aligned}[(x',\xi')] &= [(x',\alpha(x'x^{-1})(\xi))] \\ &= [(x'x^{-1}x,\alpha(x'x^{-1})(\xi))] \\ &= [(x,\xi)].\end{aligned}$$

反过来，若

$$[(x',\xi')] = [(x,\xi)],$$

则存在 $g \in G$，使得

$$g(x,\xi) = (gx,\alpha(g)(\xi)) = (x',\xi'),$$

所以

$$\xi' = \alpha(x'x^{-1})(\xi),$$

$$d_{B_{[a]}}([(x,\xi)],[(x',\xi')]) = \left\|\xi' - \alpha(x'x^{-1})(\xi)\right\| = 0.$$

（2）显然，对称性成立.

（3）三角不等式：

$$\begin{aligned}& d_{B_{[a]}}([(x,\xi)],[(x',\xi')]) + d_{B_{[a]}}([(x',\xi')],[(x'',\xi'')]) \\ &= \left\|\xi' - \alpha(x'x^{-1})(\xi)\right\|_B + \left\|\xi'' - \alpha(x''x'^{-1})(\xi')\right\|_B \\ &= \left\|\xi'' - \alpha(x''x'^{-1})(\xi')\right\|_B + \left\|\alpha(x''x'^{-1})\xi' - \alpha(x''x'^{-1})\alpha(x'x^{-1})(\xi)\right\|_B \\ &\geqslant \left\|\xi'' - \alpha(x''x^{-1})(\xi)\right\|_B \\ &= d_{B_{[a]}}([(x,\xi)],[(x'',\xi'')]).\end{aligned}$$

下面证明 $B_{[a]}$ 对应纤维化余有限粗嵌入定义中的 Y_x.

固定 $a_0 \in G_n a$，定义由 $B_{[a]}$ 到 B 的映射为

$$[(x,\xi)] \mapsto \alpha(a_0 x^{-1})(\xi).$$

这是一个等距映射. 事实上,

$$\begin{aligned}\left\|\alpha(a_0x'^{-1})(\xi')-\alpha(a_0x^{-1})(\xi)\right\|_B&=\left\|\xi'-\alpha(x'x^{-1})(\xi)\right\|_B\\&=d_{B_{[a]}}([(x,\xi)],[(x',\xi')]),\end{aligned}$$

其中 $\xi\in B$ 是 $[(a_0,\xi)]$ 的像. 这样可以得到一族与 B 等距的度量空间 $(B_{[a]})_{[a]\in G/G_n}$, 从而得到 $(B_x)_{x\in\bigcup\mathcal{X}}$.

对任意 $[a]\in G/G_n$, 令

$$s([a]):=[(a,b(a))]\in B_{[a]}.$$

由于

$$\begin{aligned}[(ga,b(ga))]&=[(ga,L(g)(b(a))+b(g))]\\&=[(ga,\alpha(g)(b(a)))]\\&=[a,b(a)],\end{aligned}$$

所以 s 是 $\bigcup\mathcal{X}$ 上良定义的截面函数.

对任意 $r>0$, 令 $n_r\in\mathbb{N}$是满足条件 $n\geqslant n_r, B_G(e_G,3r)\cap G_n=e_G$ 的最小自然数.

令

$$K_r:=\{G/G_n:n<n_r\}.$$

选择一个商空间 $(G/G_n,d_n)\in\mathcal{X}\setminus K_r$ 和一个直径不超过 r 的子集 $C\subseteq G/G_n$. 定义平凡化映射:

$$t_C:\coprod_{x\in C}B_x\to C\times B.$$

设 $g\in G$ 是 $\pi_n^{-1}(C)$ 中任意一点 (作为基点). 则每个 $[a]\in C$ 有唯一的提升 $a_0\in G$ 使得 $[a_0]=[a]$ 且 $d(g,a_0)<r$. 另外, 提升映射 $[a]\mapsto a_0$ 是 C 上的等距映射. 定义映射 $t_C([a]):B_{[a]}\to B$ 为

$$[(x,\xi)]\mapsto\alpha(a_0x^{-1})(\xi).$$

则对任意 $[a],[a']\in C$, 有

$$\begin{aligned}
&\left\|t_C([a])(s([a]))-t_C([a'])(s([a']))\right\|_B\\
&=\left\|t_C([a])([(a,b(a))])-t_C([a'])([(a',b(a'))])\right\|_B\\
&=\left\|\alpha(a_0a^{-1})(b(a))-\alpha(a'_0a'^{-1})(b(a'))\right\|_B\\
&=\left\|L(a_0a^{-1})(b(a))+b(a_0a^{-1})-(L(a'_0a'^{-1})(b(a'))+b(a'_0a'^{-1}))\right\|_B\\
&=\left\|b(a_0a^{-1}a_0)-b(a'_0a'^{-1}a'_0)\right\|_B\\
&=\left\|b(a_0)-b(a'_0)\right\|_B\\
&=\left\|L(a_0^{-1})(b(a_0))+b(a_0^{-1})-(L(a_0^{-1})b(b(a'_0))+b(a_0^{-1}))\right\|_B\\
&=\left\|b(a_0^{-1}a_0)-b(a_0^{-1}a'_0)\right\|_B\\
&=\left\|b(e_G)-b(a_0^{-1}a'_0)\right\|_B\\
&=\left\|b(a_0^{-1}a'_0)\right\|_B.
\end{aligned}$$

如果对 $x\in[0,\infty)$，定义

$$\rho_1(x):=\min\{\|b(g)\|_B : g\in G, l(g)\geqslant x\}$$

和

$$\rho_2(x):=\max\{\|b(g)\|_B : g\in G, l(g)\geqslant x\},$$

则

$$\begin{aligned}
&\left\|t_C([a])(s([a]))-t_C([a'])(s([a']))\right\|_B\\
&=\left\|b(a_0^{-1}a'_0)\right\|_B\in[\rho_1(d(a_0,a'_0)),\rho_2(d(a_0,a'_0))]\\
&=[\rho_1(d_n([a],[a'])),\rho_2(d_n([a],[a']))].
\end{aligned}$$

注意到，控制函数不依赖于 $n\in\mathbb{N}$.

由于 G 恰当作用在 B 上，所以

$$\lim_{r\to\infty}\rho_1(r)=\infty.$$

下面需要证明，若 $C_1,C_2\in G/G_n$ 是两个直径不超过 r 且相交非空的子集，$[a]\in C_1\cap C_2$，则平凡化映射 $t_{C_1}([a]),t_{C_2}([a])$ 满足 $t_{C_1}([a])\circ t_{C_2}^{-1}([a]):B\to B$ 是等距.

事实上，存在 $g_0\in G$，$g_1,g_2\in\pi_n^{-1}(C_1\cap C_2)$ 使得

$$\pi_n(g_1)=\pi_n(g_2)\in C_1\cap C_2$$

和

$$g_1 = g_0 g_2.$$

令 g_1, g_2 为两个基点，a_1, a_2 为 $[a]$ 的提升，则对任意 $\xi \in B$，由于 ξ 是 $[(a_2, \xi)]$ 的像，有

$$(t_{C_1}([a]) \circ t_{C_2}^{-1}([a]))(\xi) = t_{C_1}([a])([(a_2, \xi)]),$$

又

$$\begin{aligned} t_{C_1}([a])([(a_2, \xi)]) &= \alpha(a_1 a_2^{-1})(\xi) \\ &= \alpha(g_0)(\xi), \end{aligned}$$

由假设条件知，映射 $\alpha(g_0): B \to B$ 为等距. 命题得证.

证毕.

由命题 3.6.1 和命题 3.6.2 得到了剩余顺从群恰当仿射等距作用在一致凸巴拿赫空间的充分和必要条件，即定理 1 成立.

4 扭曲锥的纤维化粗嵌入

在文献[123]中，J. Roe 通过群作用在紧黎曼流形[61]上构造了扭曲锥，并利用扭曲锥提供了不具有性质 A 或不能粗嵌入到希尔伯特空间的例子. 鬼元素[69]和空间的粗几何特征之间存在本质的联系，是粗 Baum-Connes 猜测研究的中心对象. 详细讨论可参考[69][71][122][137]. 在文献[52]中，C. Drutn 和 P. Nowak 构造了扭曲锥的非紧鬼投影，并猜测某一类扭曲锥是粗 Baum-Connes 猜测的反例.

近些年来，人们对扭曲锥进行了广泛的研究[52][106][125-126][133]. 在文献[126]中，D. Sawicki 第一个构造了不具有性质 A 但可以粗嵌入到希尔伯特空间的扭曲锥. 在文献[133]中，F. Vigolo 发现某种群作用下的扭曲锥能够包含一列膨胀图，所以这类扭曲锥不能粗嵌入到任何 L^p 空间.

本章主要用扭曲锥的纤维化粗嵌入刻画群的 Haagerup 性质，并给出直接的证明. 另外，群的 Kazhdan's 性质（T）[50][116][124][131][152]蕴含着扭曲锥的几何性质（T）.

4.1 扭曲锥

设 Y 是一个光滑紧流形或者有限单复形. 按下面的方法定义开锥(open cone) $X=\mathcal{O}Y$ ：把 Y 光滑地嵌入高维球面 S^{N-1} 上，则 X 为 $\mathbb{R}^N$ 中所有过原点且穿过 Y 像集的射线，并赋予 X 上 $\mathbb{R}^N$ 中的度量. 记 X 中的点为 (y,t) ，其中 $y\in Y$ ，$t\in\mathbb{R}^+$. 称一个映射 $f:X\to X$ 是一个平移(translation), 如果 f 是双射且

$$\sup_{x\in X} d(x,f(x))$$

是有限的. 设 G 是作用在 X 上的群, 一般情况下, 映射 $x\mapsto gx$ 不是平移. 扭曲的基本思想是修正 X 上的度量使得 G 平移作用在 X 上, 即对任意 $g\in G$, x 到 gx 的距离一致有界.

回顾前面恰当度量空间的概念：如果度量空间的有界闭子集是紧的, 则该度量空间是恰当的.

定义 4.1.1[123] 设 (X,d) 是一恰当度量空间, G 是有限生成群且具有有限生成集 S, G 同胚作用在 X 上. X 上的扭曲度量 (warped metric) d_G 是满足下列不等式的最大度量:

$$d_G(x,x')\leqslant d(x,x'), d_G(x,sx)\leqslant 1, \forall s\in S.$$

如果 E 是 X 上的度量族, 对任意 $(x,x')\in X\times X$, 上确界

$$d(x,x')=\sup\{\beta(x,x'):\beta\in E\}$$

总是有限的, 则 d 是 X 上的度量. 如果记满足定义 4.1.1 中条件的度量全体为 E, 则 d_G 就是 E 的上确界, 由此很容易知道扭曲度量 d_G 是存在的且是唯一的. 下面对 d_G 作更详细的刻画.

命题 4.1.1[123] 设 $x,y\in X$, l 是有限生成群 G 上的单词长度函数, 则 x 到 y 的扭曲距离为下列和的下确界:

$$\sum_{i=1}^{N-1} d(g_i x_i, x_{i+1})+l(g_i).$$

这里, 下确界是指取遍所有有限序列 $x=x_0,x_1,\cdots,x_N=y$ 和 $g_0,\cdots,g_{N-1}\in G$. 另外, 如果 $d_G(x,y)\leqslant k$, 可以找到有限序列($N=k$)使得下确界可以取到.

证明 上述命题中的条件确实定义了 X 上的一个度量, 记为 β, 则 $\beta\in E$, 所以对任意 $x,y\in X$, 有 $\beta(x,y)\leqslant d_G(x,y)$. 另外, 由 d_G 的假设条件及三角不等式知, $d_G\leqslant\beta$.

下面看命题的第二部分. 如果 $d_G(x,y)\leqslant k$, 则在 G 中必然存在满足上述条件的一序列, 其中至多有 k 个非单位元 g_i. 由于去掉那些 $g_i=e$ 处的项只

会减小和的大小，所以可以假设这样的序列至多有 k 项. 固定 $x,y\in X$ ，则这样的序列链全体可假设为闭子空间

$$B_X(x,d(x,y)+1)^k\times B_G(e,k)^k.$$

由 X,G 的恰当性知，上述闭子空间是紧的，所以下确界可以取到.
证毕.

注意到，扭曲度量是恰当度量. 扭曲锥在扭曲度量下的粗结构不依赖于有限生成集 S 的选择，也不依赖于 X 上度量 d 的选择.

定义 4.1.2[123] 设 Y 是一个光滑紧流形或者有限单复形，G 是有限生成群且同胚作用在 Y 上. G 在开锥 $\mathcal{O}Y$ 上的作用为 $g:(y,t)\mapsto(gy,t)$，则在开锥上赋予扭曲度量 d_G 就得到扭曲锥 $\mathcal{O}_G Y$.

4.2 Haagerup 性质的刻画

在文献[123]中，J. Roe 证明了扭曲锥（warped cones）粗嵌入到希尔伯特空间可以刻画 Haagerup 性质.

命题 4.2.1 设 Γ 是紧李群，$G\leqslant\Gamma$ 是稠密的有限生成子群，G 作为离散群左平移作用在 Γ 上. 如果扭曲锥 $\mathcal{O}_G\Gamma$ 能够粗嵌入到希尔伯特空间，则 G 具有 Haagerup 性质.

证明 设 $X=\mathcal{O}_G\Gamma$. 由于 X 粗嵌入到希尔伯特空间，则由粗嵌入的等价定义知，存在一个连续负定核 $k:X\times X\to\mathbb{R}$，满足存在两个非减函数 $\rho_1,\rho_2:[0,\infty)\to[0,\infty)$，$\lim_{t\to\infty}\rho_i(t)=\infty$（$i=1,2$）使得对任意 $x,x'\in X$，有

$$\rho_1(d(x,x'))\leqslant k(x,x')\leqslant\rho_2(d(x,x')).$$

可假设 k 是 Γ-不变的. 固定 $g\in G$ ，定义

$$h_t(g)=k((y,t),(gy,t)),$$

则 $h_t(g)\leqslant\rho_2(l(g))$. 这样就能找到 $\{t\}$ 的一子列 $\{t_k\}$（$t_k\to\infty$）使得极限

$$h(g)=\lim_k h_{t_k}(g)$$

存在. h 是 G 上的负定函数且满足 $h(g)\geqslant\rho_1(l(g))$，所以 h 是恰当的. 因此，G

具有 Haagerup 性质.

证毕.

特别地，如果 G 具有性质(T)，则 $\mathcal{O}_G\Gamma$ 具有几何性质(T). 事实上，如果 G 具有性质(T)，则 $\mathcal{O}_G\Gamma$ 不能粗嵌入到希尔伯特空间，因此 $\mathcal{O}_G\Gamma$ 不是顺从的. 由推论 6.1[124]知，$\mathcal{O}_G\Gamma$ 具有几何性质(T).

若减弱上述命题中粗嵌入的条件，即如果扭曲锥能够纤维化粗嵌入到希尔伯特空间，则 G 是否仍然具有 Haagerup 性质.

命题 4.2.2 设 Y 是一个紧度量空间，G 是有限生成群且左平移作用在 Y 上. 假设 Y 上具有有限 G-不变博雷尔测度，$\mathcal{O}_G\Gamma$ 能够纤维化粗嵌入到希尔伯特空间，则 G 具有 Haagerup 性质.

证明 $\mathcal{O}_GY$ 纤维化粗嵌入到希尔伯特空间 H，则存在一族希尔伯特空间 $(H_x)_{x\in X}$，一个截面函数 $s:X\to\coprod_{x\in X}H_x$（$s(x)\in H_x$）和两个非减函数 $\rho_1,\rho_2:[0,\infty)\to[0,\infty)$，$\lim\limits_{t\to\infty}\rho_i(t)=\infty$（$i=1,2$），使得对任意 $r>0$，存在一个有界子集 $K_r\subseteq X$，对任意的直径不超过 r 的子集 $C\subseteq X\setminus K_r$，存在平凡化映射

$$t_C:(H_x)_{x\in C}\to C\times H.$$

对任意 $x\in C$，$t_C(x):H_x\to H$ 是仿射等距且满足

（1）对任意 $x,x'\in C$，有

$$\rho_1(d_G(x,x'))\leqslant\|t_C(x)(s(x)),t_C(x')(s(x'))\|\leqslant\rho_2(d_G(x,x')).$$

（2）对于两个直径不超过 r 的子集 $C_1,C_2\subseteq X\setminus K_r$，且 $C_1\cap C_2\neq\varnothing$，存在仿射等距 $t_{C_1C_2}:H\to H$ 使得对任意 $x\in C_1\cap C_2$，有

$$t_{C_1}(x)\circ t_{C_2}^{-1}(x)=t_{C_1C_2}.$$

固定 $r>0$，对任意 $x,x'\in X\setminus K_r$，$d_G(x,x')<r$，C 是 $X\setminus K_r$ 中直径不超过 r 且包含 x,x' 的子集，定义

$$K_r(x,x')=\|t_C(x)(s(x))-t_C(x')(s(x'))\|^2.$$

若 C_1,C_2 是 $X\setminus K_r$ 中两个直径不超过 r 子集，且 $x,x'\in C_1\cap C_2$，t_{C_1} 和 t_{C_2} 是相应的平凡化映射，则我们由条件（2）得到

$$t_{C_1}(x)\circ t_{C_2}^{-1}(x)=t_{C_1}(x')\circ t_{C_2}^{-1}(x'),$$

所以

$$\begin{aligned}&\left\|t_{C_1}(x)(s(x))-t_{C_1}(x')(s(x'))\right\|^2\\=&\left\|t_{C_1}(x')\circ t_{C_2}^{-1}(x')\circ t_{C_2}(x)(s(x))-t_{C_1}(x)\circ t_{C_2}^{-1}(x)\circ t_{C_2}(x')(s(x'))\right\|^2\\=&\left\|t_{C_1C_2}\circ t_{C_2}(x)(s(x))-t_{C_1C_2}\circ t_{C_2}(x')(s(x'))\right\|^2\\=&\left\|t_{C_2}(x)(s(x))-t_{C_2}(x')(s(x'))\right\|^2.\end{aligned}$$

即对任意 $x,x'\in X\setminus K_r$，$d_G(x,x')<r$，$k_r(x,x')$ 不依赖于子集 C 和平凡化映射 t_C 的选择.

另外，定义 $k_r(x,x')=0$，当 $d_G(x,x')\geqslant r$ 时，k_r 是 $X\setminus K_r\times X\setminus K_r$ 上良定义的 r-局部条件负定核. 由条件（1）知，对任意 $x,x'\in X\setminus K_r$，$d_G(x,x')<r$，有

$$(\rho_1(d_G(x,x')))^2\leqslant k_r(x,x')\leqslant(\rho_2(d_G(x,x')))^2.$$

令 μ 是 Y 上标准的 G-不变测度，设扭曲锥 $\mathcal{O}_GY$ 中的点为 (y,t). 对于充分大的 t，由 (y,t) 到 (gy,t) 的扭曲距离等于 g 的长度. 因此，定义 G 中 r-球 $B_r=\{g\in G:l(g)<r\}$ 上的函数 $\phi_{r,t}$ 为

$$\phi_{r,t}(g)=\int_Y k_r((y,t),(gy,t))\mathrm{d}\mu(y),$$

定义在 B_r 的外部

$$\phi_{r,t}\equiv 0.$$

注意到，$\phi_{r,t}$ 是 G 上的一个 r-局部条件负定函数. 事实上，对任意 $g_1,\cdots,g_n\in G$ 且满足 $d(g_i,g_j)<r$（d 是 l 诱导的字长度量，$1\leqslant i,j\leqslant n$）和任意 n 个实数 $\lambda_1,\cdots,\lambda_n$ 且满足 $\sum_{i=1}^{n}\lambda_i=0$，有

$$\begin{aligned}&\sum_{i,j}\lambda_i\lambda_j\phi_{r,t}(g_i^{-1}g_j)\\=&\sum_{i,j}\lambda_i\lambda_j\int_Y k_r((y,t),(g_i^{-1}g_jy,t))\mathrm{d}\mu(y)\\=&\int_Y\sum_{i,j}\lambda_i\lambda_jk_r((y,t),(g_i^{-1}g_jy,t))\mathrm{d}\mu(y)\\\leqslant&0.\end{aligned}$$

对任意 $g_1,g_2\in G$ 且 $d(g_1,g_2)<r$，有

$$\mu(Y)(\rho_1(d_G(x,x')))^2\leqslant\phi_{r,t}(g_1^{-1}g_2)\leqslant\mu(Y)(\rho_2(d_G(x,x')))^2.$$

所以，固定 t，令 $r\to\infty$，则存在 $\{\phi_{r,t}\}_{r>0}$ 的一个子列且该子列逐点收敛到函数 $\phi_t:G\to\mathbb{R}$，显然，ϕ_t 是 G 上的条件负定函数且有上界 $\mu(Y)(\rho_2(l(g)))^2$. 这样就能找到子列 $\{t_m\}(t_m\to\infty)$ 使得极限

$$\phi(g)=\lim_{m\to\infty}\phi_{t_m}(g)$$

存在，则 ϕ 是 G 上的条件负定函数. 又对任意 $g\in G$，有

$$\mu(Y)(\rho_1(l(g)))^2\leqslant\phi(g)\leqslant\mu(Y)(\rho_2(l(g)))^2,$$

则 ϕ 是恰当的. 因此，G 具有 Haagerup 性质.

证毕.

5 有限粗 APC-分解复杂度

在文献[21]中，Bell 和 Nagórko 介绍了度量空间中的粗不变量：有限 APC-分解复杂度（finite APC-decomposition complexity）. 有限分解复杂度（finite decomposition complexity）[48-49]和渐近性质 C（asymptotic property C）[42][143]蕴含着有限 APC-分解复杂度，而有限 APC-分解复杂度又蕴含着性质 A[21]. 本章的研究目的在于建立粗范畴意义下的有限 APC-分解复杂度.

为了描绘度量空间的粗几何特征，在文献[122]中，J. Roe 介绍了度量空间的粗结构. 在文献[60]中，M. Gromov 开展了群的粗结构的研究. 拓扑是度量空间中连续性和开集的抽象概念，同样地，粗结构是度量空间大尺度几何的抽象概念. 因此，我们希望在粗结构的意义下定义有限 APC-分解复杂度的概念，以帮助更好地理解这种性质.

本章首先介绍了有限 APC-分解复杂度的详细定义，由文献[20]中介绍的粗性质 C 和粗分解复杂度给出了有限粗 APC-分解复杂度的定义. 然后研究了有限粗 APC-分解复杂度的各种保持性质，证明了有限粗 APC-分解复杂度是粗性质 A 的充分条件. 最后，给出了粗性质 C 和粗分解复杂度的一些补充.

5.1 准备知识

在文献[21]中，Bell 和 Nagórko 结合有限分解复杂度（FDC）[65-66]的分解思想、Dranishnikov's 渐近性质 C（APC）[45]给出了有限 APC-分解复杂度的概念.

设 $R>0$，称度量空间 X 的一族子集 $\mathcal{U}$ 是 R-不相交的，如果对任意 $U,U'\in\mathcal{U}$，$U\neq U'$，有

$$d(U,U')\geqslant R.$$

定义 5.1.1[21] 设 $\mathcal{X}$ 和 $\mathcal{Y}$ 是两个度量空间族，$R\in\mathbb{R}^{\mathbb{N}}$. 称 $\mathcal{X}$ 在 $\mathcal{Y}$ 上是一致 R-分解的，如果存在整数 k 使得对每个 $X\in\mathcal{X}$ 存在一列 $\mathcal{Y}$ 的子集族 $\mathcal{U}_1,\mathcal{U}_2,\cdots,\mathcal{U}_k$ 满足每个 $\mathcal{U}_i$ 是 R_i-不相交，且 $X=\bigcup\mathcal{U}_i$.

"$\mathcal{X}$ 在 $\mathcal{Y}$ 上是一致 R-分解的" 简记为

$$\mathcal{X}\xrightarrow{R}\mathcal{Y}.$$

定义 5.1.2[21] 设 Ω_0 是所有一致有界的度量空间族的全体. 对每个序数 $\alpha>0$，令

$$\Omega_\alpha=\{\mathcal{X}:\forall R\in\mathbb{R}^{\mathbb{N}},\exists\beta<\alpha,\exists\mathcal{Y}\in\Omega_\beta,\text{s.t.}\mathcal{X}\xrightarrow{R}\mathcal{Y}\}.$$

令

$$\Omega=\bigcup\nolimits_\alpha\Omega_\alpha,\mathfrak{I}_{pc}=\bigcup\Omega.$$

设 X 是一度量空间. 称 $\{X\}$ 具有有限 APC-分解复杂度，如果

$$\{X\}\in\mathfrak{I}_{pc}.$$

有限 APC-分解复杂度是粗几何不变量，并且在某些群运算下是保持的，比如圈积、融合自由积和群扩张等.

设 $\mathcal{X}$ 和 $\mathcal{Y}$ 是两个度量空间族，如果对任意 $X\in\mathcal{X}$，存在 $Y\in\mathcal{Y}$ 使得

$$X\subseteq Y,$$

则称

$$\mathcal{X}<\mathcal{Y}.$$

下面给出有限 APC-分解复杂度的一些简单性质.

命题 5.1.1[21] 设 $\mathcal{X}$ 和 $\mathcal{Y}$ 是两个度量空间族，α 和 β 是两个序数.

（1）如果 $\alpha>\beta$，$\mathcal{X}\in\Omega_\beta$，则 $\mathcal{X}\in\Omega_\alpha$；

（2）如果 $\mathcal{X},\mathcal{Y}\in\Omega_\alpha$，则 $\mathcal{X}\cup\mathcal{Y}\in\Omega_\alpha$；

（3）如果 $\mathcal{X}<\mathcal{Y}$，$\mathcal{Y}>\Omega_\alpha$，则 $\mathcal{X}\in\Omega_\alpha$.

下面介绍 Roe 的粗空间，然后给出有限粗 APC-分解复杂度的定义.

设 X 是一个集合，E,F 是 $X\times X$ 的子集. 定义 E 和 F 的复合（记为 $E\circ F$）为

$$E\circ F := \{(x,z)\in X\times X \mid \exists y\in X,(x,y)\in E,(y,z)\in F\}.$$

对任意 $n\geqslant 1$，令

$$E^n := \underbrace{E\circ\cdots\circ E}_{n}.$$

E 的逆为

$$E^{-1} := \{(x,y)\in X\times X \mid (y,x)\in E\}.$$

定义 5.1.3[122] 设 X 是一个集合，$\mathcal{E}$ 是 $X\times X$ 的一族子集，如果 $\mathcal{E}$ 满足下面五个条件：

（1）如果 $E\in\mathcal{E},F\subseteq E$，则 $F\in\mathcal{E}$；

（2）如果 $E_i\in\mathcal{E},i=1,\cdots,n$，则 $\bigcup_i E_i\in\mathcal{E}$；

（3）对角线 $\Delta_X := \{(x,x)\in X\times X : x\in X\}\in\mathcal{E}$；

（4）如果 $E\in\mathcal{E}$，则 $E^{-1}\in\mathcal{E}$；

（5）如果 $E,F\in\mathcal{E}$，则 $E\circ F\in\mathcal{E}$，

则称 $\mathcal{E}$ 为 X 上的粗结构，$\mathcal{E}$ 中的元素称为控制集.

设 X 是一个集合，$\mathcal{E}$ 为 X 上的粗结构，则称 $(X,\mathcal{E})$ 为粗空间.

控制集 E 是对称的，如果有

$$E=E^{-1}.$$

现在考虑粗空间 $(X,\mathcal{E})$. 一个子集 $B\subseteq X$ 是有界的，如果

$$B\times B\in\mathcal{E}.$$

设 $\mathcal{U}$ 是 X 的一个子集族，$\mathcal{U}$ 是一致有界的，如果

$$\Delta_{\mathcal{U}}\in\mathcal{E},$$

其中 $\Delta_{\mathcal{U}}=\bigcup\limits_{U\in\mathcal{U}}(U\times U)$.

对于一个控制集 E，$\mathcal{U}$ 叫作 E-不相交的，如果对任意 $A,B\in\mathcal{U}$，$A\neq B$，有

$$(A\times B)\bigcap E=\varnothing.$$

对任意 $x\in X$，定义

$$E[x]:=\{y\in X:(y,x)\in E\}.$$

当 $n=0$ 时，规定

$$E^n=\Delta.$$

下面的定义可参考文献[122].

设 $(X,\mathcal{E})$ 和 $(Y,\mathcal{F})$ 是两个粗空间，$f:X\to Y$ 是一个映射. 称 f 是扩张的（bornologous），如果对 X 中的任意控制集 $E\in\mathcal{E}$，有下面等式成立：

$$(f\times f)(E)=\{(f(x_1),f(x_2))\in Y\times Y:(x_1,x_2)\in E\}\in\mathcal{F}.$$

称 f 是恰当的（proper），如果对任意有界集 $B\subseteq Y$，$f^{-1}(B)$ 在 X 中有界. 如果 f 既是扩张的又是恰当的，则称 f 是粗映射. 如果 f 是粗映射，且对任意 $F\in\mathcal{F}$，有

$$(f^{-1}\times f^{-1})(F)=\{(f^{-1}(y_1),f^{-1}(y_2))\in X\times X:(y_1,y_2)\in F\}\in\mathcal{E}$$

则称 f 为粗一致嵌入（coarsely uniform embedding）.

两个映射 $f,f':X\to Y$ 是相近的，如果

$$\{(f(x),f(x'))\in Y\times Y\mid x\in X\}\in\mathcal{F}.$$

空间 X 和 Y 是粗等价的，如果存在粗映射 $f:X\to Y$ 和 $g:Y\to X$，使得 $f\circ g$ 和 $g\circ f$ 分别与 Y 和 X 上的恒等映射相近.

下面把有限APC-分解复杂度的定义由度量空间的范畴转换成Roe的粗空间的范畴.

定义 5.1.4 设 $\mathcal{X}$ 和 $\mathcal{Y}$ 是粗空间 (Z,ε) 的两个粗子空间族，$L=\{L_1,L_2,\cdots\}\in\mathcal{E}^{\mathbb{N}}$. 称 $\mathcal{X}$ 在 $\mathcal{Y}$ 上是一致 L-分解的，如果存在整数 k 使得对每个 $X\in\mathcal{X}$ 存在一列 $\mathcal{Y}$ 的子集族 $\mathcal{U}_1,\mathcal{U}_2,\cdots,\mathcal{U}_k$ 满足每个 $\mathcal{U}_i$ 是 L_i-不相交，且 $X=\bigcup_i\mathcal{U}_i$.

把"$\mathcal{X}$ 在 $\mathcal{Y}$ 上是一致 L-分解的"简记为

$$\mathcal{X}\xrightarrow{L}\mathcal{Y}.$$

定义 5.1.5 设 Ω_0 是粗空间 $(X,\mathcal{E})$ 的所有一致有界的子集族的全体.

对每个序数$\alpha>0$，令

$$\Omega_\alpha=\{\mathcal{X}:\forall L\in\mathcal{E}^{\mathbb{N}},\exists\beta<\alpha,\exists\mathcal{Y}\in\Omega_\beta,\text{s.t.}\mathcal{X}\xrightarrow{L}\mathcal{Y}\},$$

$$\Omega=\bigcup_\alpha\Omega_\alpha,\mathfrak{I}_{pc}=\bigcup\Omega.$$

称粗空间$(Y,\mathcal{F})$具有有限粗 APC-分解复杂度，如果

$$\{Y\}\in\mathfrak{I}_{pc}.$$

关于有限粗 APC-分解复杂度，有下面的命题.

命题 5.1.2 设$\mathcal{X}$是粗空间$(Z,\mathcal{E})$的一族粗子空间，α和β是两个序数. 如果$\alpha>\beta$，$\mathcal{X}\in\Omega_\beta$，则$\mathcal{X}\in\Omega_\alpha$.

证明 由有限粗 APC-分解复杂度的定义很容易得到这个结论，在这里省去详细的证明过程.

特别地，度量空间(X,d)是粗空间，若X的子集E是控制集当且仅当存在$r>0$，使得

$$E=\{(x,y)\in X\times X:d(x,y)\leqslant r\}.$$

度量空间(X,d)作为粗空间，它的粗结构称为有界粗结构（bounded coarse structure）.

下面介绍度量空间(X,d)具有有限 APC-分解复杂度当且仅当X作为粗空间具有有限粗 APC-分解复杂度. 这样，在某种意义上用“正确”的方式定义了有限粗 APC-分解复杂度.

命题 5.1.3 设(X,d)是一个度量空间，$\mathcal{E}$是X作为粗空间的粗结构. 则(X,d)具有有限 APC-分解复杂度当且仅当$(X,\mathcal{E})$具有有限粗 APC-分解复杂度.

证明 首先，假设$(X,\mathcal{E})$具有有限粗 APC-分解复杂度，且$\{X\}\in\Omega_\alpha$.

对任意$R\in\mathbb{R}^{\mathbb{N}}$，考虑一列控制集$L=\{L_1,L_2,\cdots\}$：

$$L_i=\{(x,y)\in X\times X:d(x,y)\leqslant R_i\}.$$

由于$\{X\}\in\Omega_\alpha$，则存在$\beta<\alpha$和$\mathcal{Y}\in\Omega_\beta$，使得

$$\{X\}\xrightarrow{L}\mathcal{Y},$$

即存在整数 k 和一列 $\mathcal{Y}$ 的子集族

$$\mathcal{U}_1,\mathcal{U}_2,\cdots,\mathcal{U}_k$$

满足每个 $\mathcal{U}_i$ 是 L_i-不相交，且

$$X=\bigcup_i\mathcal{U}_i.$$

由于 $\mathcal{U}_i$ 是 L_i-不相交的，所以对任意 $A,B\in\mathcal{U}_i$， $A\neq B$，有

$$(A\times B)\bigcap L_i=\varnothing.$$

那么，如果 $a\in A,b\in B$，则有

$$(a,b)\notin L_i.$$

所以

$$d(a,b)>R_i,$$

这表明 $\mathcal{U}_i$ 是 R_i-不相交. 因此，$(X,\mathcal{E})$ 具有有限粗 APC-分解复杂度，则 (X,d) 具有有限 APC-分解复杂度.

反过来，假设 (X,d) 具有有限 APC-分解复杂度，且 $\{X\}\in\Omega_\alpha$.

考虑 $L=\{L_1,L_2,\cdots\}\in\mathcal{E}^{\mathbb{N}}$ 是一列控制集，定义 $R\in\mathbb{R}^{\mathbb{N}}$ 为

$$R_i=\sup\{d(x,x'):(x,x')\in L_i\}.$$

由有界粗结构的定义知，每个 R_i 都是有限的.

由于 $\{X\}\in\Omega_\alpha$，则存在 $\beta<\alpha$ 和 $\mathcal{Y}\in\Omega_\beta$，使得

$$\{X\}\xrightarrow{R}\mathcal{Y}.$$

即存在整数 k 和一列 $\mathcal{Y}$ 的子集族

$$\mathcal{U}_1,\mathcal{U}_2,\cdots,\mathcal{U}_k$$

满足每个 $\mathcal{U}_i$ 是 R_i-不相交，且

$$X=\bigcup_i\mathcal{U}_i.$$

下面需要证明 $\mathcal{U}_i$ 是 L_i-不相交.

假设

$$A,B\in\mathcal{U}_i,\quad A\neq B,\quad a\in A,b\in B,\ \text{且}\ (a,b)\in L_i,$$

则有

$$d(a,b)\leqslant R_i,$$

此式与$\mathcal{U}_i$是R_i-不相交的事实是矛盾的. 所以，当$A,B\in\mathcal{U}_i, A\neq B$时，有

$$(A\times B)\bigcap L_i=\varnothing.$$

因此，如果(X,d)具有有限 APC-分解复杂度，则$(X,\mathcal{E})$具有有限粗 APC-分解复杂度.

证毕.

5.2 有限粗 APC-分解复杂度的保持性质

在这一部分，将证明有限粗 APC-分解复杂度是粗几何不变量且取子集是保持的. 另一个结果叫作“纤维引理”. 另外，有限粗 APC-分解复杂度在直积运算下是封闭的.

首先，证明有限粗 APC-分解复杂度在子集下的遗传性.

命题 5.2.1 设$(X,\mathcal{E})$是粗空间. 如果$Y\subseteq X$且Y继承X上的粗结构，X具有有限粗 APC-分解复杂度，则Y具有有限粗 APC-分解复杂度.

证明 假设$\{X\}\in\Omega_\alpha$，下面证明$\{Y\}\in\Omega_\alpha$.

设

$$L=\{L_1,L_2,\cdots\}\in\mathcal{E}^{\mathbb{N}}.$$

则存在$\beta<\alpha$和$\mathcal{Y}\in\Omega_\beta$，使得

$$\{X\}\xrightarrow{L}\mathcal{Y},$$

即存在整数k和一列$\mathcal{Y}$的子集族

$$\mathcal{U}_1,\mathcal{U}_2,\cdots,\mathcal{U}_k$$

满足每个$\mathcal{U}_i$是L_i-不相交，且

$$X=\bigcup_i\mathcal{U}_i.$$

定义

$$\mathcal{U}_i'=\{U\bigcap Y:U\in\mathcal{U}_i\}(i=1,\cdots,k).$$

注意到$\mathcal{U}_i'$是L_i-不相交，且

$$Y=\bigcup_i \mathcal{U}_i'.$$

所以

$$\{Y\}\in\Omega_\alpha.$$

因此，Y具有有限粗 APC-分解复杂度.

证毕.

命题 5.2.2 有限粗 APC-分解复杂度是粗不变量.

证明 设$(X,\mathcal{E})$和$(Y,\mathcal{F})$是两个粗等价的粗空间. 下面证明如果映射$f:X\to Y$是粗一致嵌入，且$\{Y\}\in\Omega_\alpha$，则$\{X\}\in\Omega_\alpha$.

首先假设$\{Y\}\in\Omega_0$，即Y有界，则$Y\times Y\in\mathcal{F}$. 因为f是粗一致嵌入，则有

$$X\times X=f^{-1}(Y)\times f^{-1}(Y)=(f\times f)^{-1}(Y\times Y)\in\mathcal{E}.$$

所以，X是有界的.

假设$\alpha>0$是一个序数. 令

$$L=\{L_1,L_2,\cdots\}\in\mathcal{E}^{\mathbb{N}}$$

和

$$K_i=(f\times f)(L_i).$$

则有

$$K\in\mathcal{F}^{\mathbb{N}}.$$

假设$\{Y\}\in\Omega_\alpha$，则存在$\beta<\alpha$和$\mathcal{Y}\in\Omega_\beta$，使得

$$\{Y\}\xrightarrow{K}\mathcal{Y},$$

即存在整数n和一列$\mathcal{Y}$的子集族

$$\mathcal{U}_1,\mathcal{U}_2,\cdots,\mathcal{U}_n$$

满足每个$\mathcal{U}_i$是K_i-不相交，且

$$Y = \bigcup_i \mathcal{U}_i.$$

令

$$\mathcal{V}_i = \{f^{-1}(U) : U \in \mathcal{U}_i\},$$

则有$\mathcal{V} = \bigcup_i \mathcal{V}_i$能够覆盖$X$.

若$V_1, V_2 \in \mathcal{V}_i$且$V_1 \neq V_2$，则存在$V_1' \in \mathcal{U}_i$使得$V_1 = f^{-1}(V_1')$，存在$V_2' \in \mathcal{U}_i$使得$V_2 = f^{-1}(V_2')$，且$V_1' \neq V_2'$.

由于$\mathcal{U}_i$是K_i-不相交，则有

$$(V_1 \times V_2) \cap L_i \subseteq (f \times f)^{-1}((V_1' \times V_2') \cap K_i) = (f \times f)^{-1}(\varnothing) = \varnothing.$$

这样就得到$\mathcal{V}_i$是L_i-不相交.

因为$\beta < \alpha$，则$f^{-1}(\mathcal{Y}) \in \Omega_\beta$，所以$\{X\} \in \Omega_\alpha$.

证毕.

下面用文献[21]中的技巧来证明有限粗 APC-分解复杂度的纤维保持性.

引理 5.2.1 设$(X, \mathcal{E})$和$(Y, \mathcal{F})$是两个粗空间，$f : X \to Y$是扩张映射. $\mathcal{Y} \subseteq 2^Y$，则下面命题等价：

（1）存在序数α，使得如果$\{Y\} \in \Omega_0$，则$f^{-1}(\mathcal{Y}) \in \Omega_\alpha$；

（2）存在序数α，使得对任意序数β满足$\{Y\} \in \Omega_\beta$，则有$f^{-1}(\mathcal{Y}) \in \Omega_{\alpha+\beta}$.

证明 虽然，由（2）很容易得到（1）. 只需要证明（1）能推出（2）.

设$\alpha > 0$满足（1）中的条件. 假设序数β满足$\mathcal{Y} \in \Omega_\beta$，令

$$L = \{L_1, L_2, \cdots\} \in \mathcal{E}^{\mathbb{N}}.$$

定义Y中的控制集序列K为

$$K_i = (f \times f)(L_i).$$

因为$\mathcal{Y} \in \Omega_\beta$，则存在$\gamma < \beta$和$\mathcal{Z} \in \Omega_\gamma$，使得

$$\mathcal{Y} \xrightarrow{K} \mathcal{Z},$$

即存在整数 k 使得对每个 $A\in\mathcal{Y}$ 存在一列 $\mathcal{Z}$ 的子集族

$$\mathcal{U}_1,\mathcal{U}_2,\cdots,\mathcal{U}_k$$

满足每个 $\mathcal{U}_i$ 是 K_i-不相交，且

$$A=\bigcup_i\mathcal{U}_i.$$

由归纳假设知

$$f^{-1}(\mathcal{Z})=\Omega_{\alpha+\gamma}.$$

下面证明 $f^{-1}(\mathcal{Y})$ 在 $f^{-1}(\mathcal{Z})$ 上是一致 L-分解的.

事实上，对任意的 $W\in f^{-1}(\mathcal{Y})$，存在 $A\in\mathcal{Y}$ 满足

$$W=f^{-1}(A).$$

令

$$\mathcal{V}_i=\{f^{-1}(U):U\in\mathcal{U}_i\},$$

则

$$W=\bigcup_i\mathcal{V}_i.$$

并且

$$\mathcal{V}_i\in f^{-1}(\mathcal{Z}).$$

设 $A,B\in\mathcal{V}_i$ 且 $A\neq B$，则存在 $A'\in\mathcal{U}_i$ 使得 $A=f^{-1}(A')$，存在 $B'\in\mathcal{U}_i$ 使得 $B=f^{-1}(B')$，且有 $A'\neq B'$. 从而

$$(A\times B)\cap L_i\subseteq(f\times f)^{-1}((A'\times B')\cap K_i)=(f\times f)^{-1}(\varnothing)=\varnothing.$$

因为 $\mathcal{U}_i$ 是 K_i-不相交，这样就可以得到 $\mathcal{V}_i$ 是 L_i-不相交.

注意到 $\alpha+\beta=\alpha+\gamma$，所以 $f^{-1}(\mathcal{Y})\in\Omega_{\alpha+\beta}$.

证毕.

命题 5.2.3 设 $(X,\mathcal{E})$ 和 $(Y,\mathcal{F})$ 是两个粗空间，$f:X\to Y$ 是扩张映射. 假设存在 α 使得对任意 Y 的一致有界子集族，有 $f^{-1}(\mathcal{V})\in\Omega_\alpha$，则如果存在 β

使得 $\{Y\}\in\Omega_{\beta}$，那么 $\{X\}\in\Omega_{\alpha+\beta}$.

证明 由引理 5.2.1 易知此结论成立.

为了证明有限粗 APC-分解复杂度在积运算下是封闭的，我们利用 Grave 在文献[122]定义的标准有界粗结构，如果 $(X_i,\mathcal{E}_i)$ 是一列有限粗空间族，给出粗空间的乘积如下：

$$\{E\subseteq(X_1\times\cdots\times X_k)^2:(p_i\times p_i)(E)\in\mathcal{E}_i,\forall_i\}$$

其中 p_i 记作第 i 个因子的投影.

引理 5.2.2 设 $(X,\mathcal{E})$ 和 $(Y,\mathcal{F})$ 是两个粗空间，B 是 X 中的有界子集，且 B 继承 X 中的粗结构，$B\times Y$ 是乘积粗空间，则 $B\times Y$ 与 Y 粗等价.

证明 考虑 $b_0\in B$，定义映射 $g:Y\to B\times Y$ 为

$$g(y)=(b_0,y).$$

显然，g 是粗一致嵌入.

定义 $f:B\times Y\to Y$ 为

$$f(b,y)=y.$$

下面说明 f 也是粗一致嵌入.

由上述粗空间的乘积的定义知，f 是扩张的. 另外，f 是恰当的. 事实上，如果 $C\subseteq Y$ 是有界的，则有

$$f^{-1}(C)=B\times C$$

在乘积粗结构中也是有界的. 令 $K\in\mathcal{F}$，因为 $B\times B\in\mathcal{E}$，则有

$$(p_1\times p_1)(f^{-1}(K))=B\times B\in\mathcal{E}$$

和

$$(p_2\times p_2)(f^{-1}(K))=K\in\mathcal{F}.$$

这样就得到 $f^{-1}(K)$ 是粗空间 $X\times Y$ 中的控制集. 因此，f 是粗一致嵌入.

下面证明 $f\circ g$ 和 $g\circ f$ 分别与 Y 和 $B\times Y$ 的恒等映射相近.

显然，$f\circ g:Y\to Y$ 本身就是恒等映射. $g\circ f:B\times Y\to B\times Y$ 与恒等映射相近的原因是

$$\{((g\circ f)(b,y),(b,y)):(b,y)\in B\times Y\}=\{((b_0,y)(b,y)):(b,y)\in B\times Y\}. \quad (5.1)$$

而

$$(p_1,p_1)(\{((b_0,y),(b,y)):(b,y)\in B\times Y\})=(b_0,b)\in B\times B$$

和

$$(p_2,p_2)(\{((b_0,y),(b,y)):(b,y)\in B\times Y\})=(y,y),$$

则

$$(p_1,p_1)(\{((b_0,y),(b,y)):(b,y)\in B\times Y\})$$

和

$$(p_2,p_2)(\{((b_0,y),(b,y)):(b,y)\in B\times Y\})$$

均为控制集，因此，式(5.1)中的集合为乘积粗空间 $B\times Y$ 中的控制集.

证毕.

命题 5.2.4 设 $(X,\mathcal{E})$ 和 $(Y,\mathcal{F})$ 是两个粗空间，$Z=X\times Y$ 是乘积粗空间. 如果 X,Y 具有有限粗 APC-分解复杂度，则 Z 也具有有限粗 APC-分解复杂度.

证明 假设 $\{X\}\in\Omega_\alpha$，$\{Y\}\in\Omega_\beta$. 令

$$f:Z\to X$$

为投影映射. 注意到，f 是扩张映射. 假设 $\mathcal{V}$ 是 X 中一族一致有界的子集族，由定义知

$$\{V\times V:V\in\mathcal{V}\}\in\mathcal{E}.$$

如果

$$A\in f^{-1}(\mathcal{V}),$$

则存在 $V\in\mathcal{V}$ 使得

$$A=V\times Y.$$

由引理 5.2.2 知，每个 $A\in f^{-1}(\mathcal{V})$ 与 Y 都是粗等价的. 这样由命题 5.2.3 知

$$\{Z\}\in \Omega_{\alpha+\beta}.$$

因此，Z 具有有限粗 APC-分解复杂度.
证毕.

5.3 有限粗 APC-分解复杂度与粗性质 A

在这一部分，主要证明具有有限粗 APC-分解复杂度的粗空间具有粗性质 A. 首先，我们用文献[20]中的技巧定义粗空间上的度量.

引理 5.3.1 设 $(X,\mathcal{E})$ 是粗空间，E 是 $\mathcal{E}$ 中的一个对称控制集. 定义映射 $D:X\times X\to \mathbb{Z}\cup\{+\infty\}$ 为

$$D(x,y)=\min\{k\geqslant 0:(x,y)\in E^k\},$$

则 D 是一个度量.

证明 （1）D 是对称的. 事实上，如果 $D(x,y)=k$，则

$$(x,y)\in E^k.$$

因为 E 对称，所以 E^k 对称. 这样自然有 $(y,x)\in E^k$. 因此

$$D(x,y)=D(y,x).$$

（2）显然，$D(x,y)=0$ 当且仅当 $x=y$.
（3）如果 $D(x,y)=+\infty$，则不存在整数 k 使得 $(x,y)\in E^k$，从而 $D(x,z)$ 和 $D(z,y)$ 中至少有一个是无穷. 因此

$$D(x,y)\leqslant D(x,z)+D(z,y).$$

若 $D(x,z)$ 和 $D(z,y)$ 有限，不妨设

$$D(x,z)=k, D(z,y)=l.$$

则

$$(x,z)\in E^k,(z,y)\in E^l.$$

从而

$$(x,y)=(x,z)\circ(z,y)\in E^k\circ E^l=E^{k+l}.$$

因此

$$D(x,y)\leqslant k+l=D(x,z)+D(z,y).$$

命题得证.

证毕.

在度量空间的意义下，性质 A 有许多种等价定义[135]. 在文献[20]中，G. Bell 等用到 $l^1(X)$ 的映射的存在性给出了性质 A 在粗空间下的定义.

定义 5.3.1 粗空间 $(X,\mathcal{E})$ 具有粗性质 A，如果对任意 $\varepsilon>0$ 和任意 $F\in\mathcal{E}$，存在映射 $\xi:X\to l^1(X)$ 使得

（1）对任意 $x\in X$，有 $\|\xi_x\|=1$；

（2）如果 $(x,y)\in F$，则 $\|\xi_x-\xi_y\|<\varepsilon$；

（3）存在 $S\in\mathcal{E}$ 使得对每个 $x\in X$，$\operatorname{supp}\xi_x\subseteq S[x]$.

定义 5.3.2 称映射 $\xi:X\to l^1(X)$ 具有 ε-变差（ε-variation），如果对任意 $k\in\mathbb{N}$ 和 $(x_1,x_2)\in X$ 且 $D(x_1,x_2)\leqslant k$，有 $\|\xi_{x_1}-\xi_{x_2}\|<k\varepsilon$.

定义 5.3.3 称映射 $\xi:X\to l^1(X)$ 是标准的（normed），如果对任意 $x\in X$，有 $\|\xi_x\|=1$.

定义 5.3.4 称映射 $\xi:X\to l^1(X)$ 是粗局部支撑（coarsely locally supported），如果存在 $n\in\mathbb{N}$，使得对每个 $x\in X$，$\operatorname{supp}\xi_x\subseteq E^n[x]$.

下面用上述定义给出粗性质 A 的另外一种叙述方式.

定义 5.3.5 设 $(X,\mathcal{E})$ 是粗空间，E 是 $\mathcal{E}$ 中的一个对称控制集. X 具有粗性质 A，如果对任意 $\varepsilon>0$，存在映射 $\xi:X\to l^1(X)$ 使得

（1）ξ 是标准的；

（2）ξ 具有 ε-变差；

（3）存在$n\in\mathbb{N}$，使得ξ是n-粗局部支撑.

引理 5.3.2 设$(X,\mathcal{E})$是粗空间，固定$\mathcal{E}$中的一个对称控制集E. 如果$\xi_i:X\to l^1(X)$ $(i\in I)$具有ε_i-变差，则$\sum\xi_i$具有$\sum\varepsilon_i$-变差.

引理 5.3.3 设$(X,\mathcal{E})$是粗空间，固定$\mathcal{E}$中的一个对称控制集E，$\varepsilon>0$. 映射$\xi:X\to l^1(X)$具有ε-变差，且对任意的$x\in X$，有$\|\xi_x\|\geqslant 1$. 若映射$\overline{\xi}:X\to l^1(X)$为$\overline{\xi}_x=\xi_x/\|\xi_x\|$，则$\overline{\xi}$是标准且具有$2\varepsilon$-变差.

证明 显然，$\overline{\xi}$是标准的.

对任意$k\in\mathbb{N}$和$x_1,x_2\in X$且$D(x_1,x_2)\leqslant k$，有

$$
\begin{aligned}
\|\overline{\xi}_{x_1}-\overline{\xi}_{x_2}\| &= \left\|\frac{\xi_{x_1}}{\|\xi_{x_1}\|}-\frac{\xi_{x_2}}{\|\xi_{x_2}\|}\right\| \\
&= \frac{1}{\|\xi_{x_1}\|}\left\|\xi_{x_1}-\frac{\|\xi_{x_1}\|\xi_{x_2}}{\|\xi_{x_2}\|}\right\| \\
&\leqslant \frac{1}{\|\xi_{x_1}\|}\|\xi_{x_1}-\xi_{x_2}\|+\frac{1}{\|\xi_{x_1}\|}\left\|\xi_{x_2}-\frac{\|\xi_{x_1}\|\xi_{x_2}}{\|\xi_{x_2}\|}\right\| \\
&= \frac{1}{\|\xi_{x_1}\|}\|\xi_{x_1}-\xi_{x_2}\|+\left\|\frac{(\|\xi_{x_1}\|-\|\xi_{x_2}\|)\xi_{x_2}}{\|\xi_{x_1}\|\cdot\|\xi_{x_2}\|}\right\| \\
&= \frac{1}{\|\xi_{x_1}\|}\|\xi_{x_1}-\xi_{x_2}\|+\frac{\big\|\|\xi_{x_1}\|-\|\xi_{x_2}\|\big\|\cdot\|\xi_{x_2}\|}{\|\xi_{x_1}\|\|\xi_{x_2}\|} \\
&\leqslant \frac{1}{\|\xi_{x_1}\|}\|\xi_{x_1}-\xi_{x_2}\|+\frac{\|\xi_{x_1}-\xi_{x_2}\|\cdot\|\xi_{x_2}\|}{\|\xi_{x_1}\|\cdot\|\xi_{x_2}\|} \\
&= \frac{2}{\|\xi_{x_1}\|}\|\xi_{x_1}-\xi_{x_2}\| \\
&\leqslant k\cdot 2\varepsilon
\end{aligned}
$$

所以，$\overline{\xi}$具有2ε-变差.

证毕.

引理 5.3.4 设 $(X,\mathcal{E})$ 是粗空间，固定 $\mathcal{E}$ 中的一个对称控制集 E，$U\subseteq X$．如果 $\xi:U\to l^1(U)$ 是标准且具有 ε-变差的 m-粗局部支撑映射. 对 $n\leqslant\mathbb{N}$，定义

$$N(U,n):=\{x\in X:D(x,U)\leqslant n\}.$$

则存在粗局部支撑映射 $\overline{\xi}:X\to l^1(X)$ 满足

（1）对任意 $x\in X$，$D(x,U)>n$，有 $\|\overline{\xi}_x\|=0$；

（2）对任意 $x\in U$，有 $\overline{\xi}_x=\xi_x$；

（3）$\overline{\xi}$ 具有 $\left[(2n+1)\varepsilon+\dfrac{1}{n}\right]$-变差.

证明 定义映射 $\alpha:X\to[0,1]$ 为

$$\alpha=\begin{cases}1, & x\in X\\ D(x,X\setminus N(U,n))/n, & \text{其他}\end{cases}.$$

则 α 是 $\dfrac{1}{n}$-李普希茨映射.

事实上，如果 $x,y\in U$ 或者 $x,y\in X\setminus N(U,n)$，则

$$|\alpha(x)-\alpha(y)|=0.$$

如果 $x,y\in N(U,n)\setminus U$，则

$$\begin{aligned}&|\alpha(x)-\alpha(y)|\\=&\frac{1}{n}|D(x,X\setminus N(U,n))-D(y,X\setminus N(U,n))|\\\leqslant&\frac{1}{n}D(x,y).\end{aligned}$$

如果 $x\in X\setminus N(U,n)$，$y\in N(U,n)\setminus U$，则

$$\begin{aligned}&|\alpha(x)-\alpha(y)|\\=&|0-D(y,X\setminus N(U,n))|\\\leqslant&\frac{1}{n}D(x,y).\end{aligned}$$

如果 $x\in X\setminus N(U,n)$ ， $y\in U$ ，则

$$|\alpha(x)-\alpha(y)|=|0-1|\leqslant\frac{1}{n}D(x,y).$$

如果 $x\in N(U,n)\setminus U$ ， $y\in U$ ，则

$$\begin{aligned}&|\alpha(x)-\alpha(y)|\\=&\left|\frac{D(x,X\setminus N(U,n))}{n}-1\right|\\\leqslant&\frac{1}{n}D(x,y).\end{aligned}$$

定义映射 $u:X\to X$ 为

$$u(x)=\begin{cases}x, & x\in U\\ y\in U, & D(x,y)\leqslant n, x\in N(U,n)\setminus U.\\ z\in U, & \text{其他}\end{cases}$$

令

$$\overline{\xi}_x=\alpha(x)\cdot\xi_{u(x)}.$$

若 $x\in X$ 且 $D(x,U)>n$ ，则

$$\alpha(x)=0,$$

所以

$$\left\|\overline{\xi}_x\right\|=0.$$

若 $x\in U$ ，注意到 $\alpha(x)=1$ ， $u(x)=x$ ，则

$$\overline{\xi}_x=\xi_x.$$

对任意 $k\in\mathbb{N}$ ，若 $x_1,x_2\in X$ 且 $D(x_1,x_2)\leqslant k$ ，有

$$\begin{aligned}&\left\|\overline{\xi}_{x_1}-\overline{\xi}_{x_2}\right\|\\=&\left\|\alpha(x_1)\cdot\xi_{u(x_1)}-\alpha(x_2)\cdot\xi_{u(x_2)}\right\|\\\leqslant&\alpha(x_1)\left\|\xi_{u(x_1)}-\xi_{u(x_2)}\right\|+|\alpha(x_1)-\alpha(x_2)|\cdot\left\|\xi_{u(x_2)}\right\|.\end{aligned}$$

若 $x_1 \in X \setminus N(U,n)$，则

$$\alpha(x_1)=0 .$$

由于α是$\frac{1}{n}$-李普希茨，则

$$\begin{aligned}\left\|\overline{\xi}_{x_1}-\overline{\xi}_{x_2}\right\| &\leqslant |\alpha(x_1)-\alpha(x_2)| \\ &\leqslant \frac{1}{n}D(x_1,x_2) \\ &\leqslant \frac{k}{n}.\end{aligned}$$

如果 $x_2 \in X \setminus N(U,n)$，则情况类似.

如果 $x_1,x_2 \in N(U,n)$，则

$$\begin{aligned}D(u(x_1),u(x_2)) &\leqslant D(u(x_1),x_1)+D(x_1,x_2)+D(x_2,u(x_2)) \\ &\leqslant n+D(x_1,x_2)+n \\ &\leqslant 2n+k.\end{aligned}$$

由于ξ具有ε-变差，所以

$$\begin{aligned}\left\|\overline{\xi}_{x_1}-\overline{\xi}_{x_2}\right\| &\leqslant \left\|\xi_{u(x_1)}-\xi_{u(x_2)}\right\|+|\alpha(x_1)+\alpha(x_2)| \\ &=(2n+k)\varepsilon+\frac{k}{n} \\ &=k\left[(2n+1)\varepsilon+\frac{1}{n}\right].\end{aligned}$$

结合上述所有情况，对任意 $x_1,x_2 \in X$ 且 $D(x_1,x_2)\leqslant k$，有

$$\left\|\overline{\xi}_{x_1}-\overline{\xi}_{x_2}\right\|\leqslant k\left[(2n+1)\varepsilon+\frac{1}{n}\right].$$

因此，可以得到$\overline{\xi}$具有$\left[(2n+1)\varepsilon+\frac{1}{n}\right]$-变差.

另外，由于ξ是m-粗局部支撑，则由$\overline{\xi}$的构造知，$\overline{\xi}$是$(m+n)$-粗局部支撑映射.

证毕.

如果$(X,\mathcal{E})$是粗空间，固定$\mathcal{E}$中的一个对称控制集E，$n\in\mathbb{Q}^{\mathbb{N}}$. 设$(\mathcal{U}_i)$是$X$中的有限子集族，且每个$\mathcal{U}_i$是$E^{n_i}$-不相交的，$X=\bigcup_i\mathcal{U}_i$. 对每个$U\in\mathcal{U}_i$，设映射$\xi^U:U\to l^1(U)$是标准且具有$\varepsilon_i$-变差的粗局部支撑映射. 由以上的事实，我们知道存在一个标准且具有ε-变差的粗局部支撑映射

$$\xi:X\to l^1(X),$$

其中$\varepsilon=2\left[\sum(2n_i+1)\varepsilon_i+\dfrac{1}{n_i}\right]$.

特别地，如果

$$N\in\mathbb{N}\setminus\{0\},n_i=2^{i+1}N,\varepsilon_i=\frac{1}{4^{i+2}N},$$

则

$$\varepsilon=\frac{1}{N}.$$

命题 5.3.1 设$(X,\mathcal{E})$是粗空间，固定$\mathcal{E}$中的一个对称控制集$E\in\mathcal{E}$，对任意的序列$n=\{n_1,n_2,\cdots\}\in\mathbb{N}^{\mathbb{N}}$，设$(\mathcal{Y}_{n_i})$是一族具有一致粗性质A的粗子空间. 如果$\{X\}$在每个$\mathcal{Y}_{n_i}$上是一致$E^{n_i}$-分解的，则$X$具有粗性质A.

证明 设$\varepsilon>0$，令$\varepsilon=\dfrac{1}{N}$，$N\in\mathbb{N}$. 设$n=\{n_1,n_2,\cdots\}\in\mathbb{N}^{\mathbb{N}}$为

$$n_i=2^{i+1}\frac{1}{\varepsilon}.$$

设

$$\varepsilon_i=\frac{1}{4^{i+1}}\varepsilon.$$

则存在一族具有一致粗性质A的粗子空间$(\mathcal{Y}_{n_i})$.

另外，存在整数k和一列$\mathcal{Y}_{n_i}$的子集族

$$\mathcal{U}_1,\mathcal{U}_2,\cdots,\mathcal{U}_k$$

满足每个 $\mathcal{U}_i$ 是 E^{n_i}-不相交，且

$$X=\bigcup_{i=1}^{k}\mathcal{U}_i.$$

即对每个 ε_i，都存在整数 m_i 和满足一致粗性质 A 条件的映射

$$\xi_i^U:U\to l^1(U).$$

令

$$m'=\max\{m_1,\cdots,m_k\},n'=\max(n_1,\cdots,n_k\}.$$

则可以得到一个标准且具有 ε-变差的 $(m'+n')$-粗局部支撑映射

$$\xi:X\to l^1(X).$$

证毕.

命题 5.3.2　设 $(X,\mathcal{E})$ 是粗空间，如果 X 具有有限粗 APC-分解复杂度，则 X 具有粗性质 A.

证明　假设 $\{X\}\in\Omega_\alpha$，则对任意 $L\in\mathcal{E}^{\mathbb{N}}$，存在 $\beta<\alpha$ 和 $\mathcal{Y}$ 使得

$$\{X\}\xrightarrow{L}\mathcal{Y}.$$

注意到，任何一致有界族具有一致粗性质 A，由归纳假设法知，$\mathcal{Y}$ 具有粗性质 A. 由命题 5.3.1 知，$\{X\}$ 具有一致粗性质 A，则 X 具有粗性质 A.
证毕.

5.4　粗性质 C 和粗分解复杂度

首先，我们来回顾相关概念.

定义 5.4.1[20]　粗空间 $(X,\mathcal{E})$ 具有粗性质 C，如果对任何一列控制集 $E_1\subseteq E_2\subseteq E_3\subseteq\cdots$ 存在整数 n 和 X 的有限子集族序列 $\mathcal{U}_1,\mathcal{U}_2,\cdots,\mathcal{U}_n$ 使得

（1）$\bigcup_{i=1}^{n}\mathcal{U}_i$ 覆盖 X；

（2）每个 $\mathcal{U}_i$ 是一致有界的；

（3）每个 $\mathcal{U}_i$ 是 E_i-不相交.

命题 5.4.1 设$(X,\mathcal{E})$是粗空间. X具有粗性质C当且仅当$\{X\}\in\Omega_1$.

证明 若X具有粗性质C，对任意$L\in\mathcal{E}^{\mathbb{N}}$，存在整数$n$和$X$的有限子集族序列

$$\mathcal{U}_1,\mathcal{U}_2,\cdots,\mathcal{U}_n$$

令

$$\mathcal{Y}=\{U:U\in\mathcal{U}_i,i=1,\cdots,n\},$$

则$\mathcal{Y}$是一致有界的，即$\mathcal{Y}\in\Omega_0$. 注意到

$$\{X\}\xrightarrow{L}\mathcal{Y},$$

则有

$$\{X\}\in\Omega_1.$$

反过来，如果$\{X\}\in\Omega_1$，对任意一列控制集$L_1\subseteq L_2\subseteq L_3\subseteq\cdots$，令

$$L=\{L_1,L_2,L_3,\cdots\}$$

则存在$\mathcal{Z}\in\Omega_0$使得

$$\{X\}\xrightarrow{L}\mathcal{Z},$$

显然，满足粗性质C的条件.
证毕.

设$(X,\mathcal{E})$是粗空间. $\mathcal{Y}$是X的一族粗子空间，$L\subseteq\mathcal{E}$是一控制集. 称X在$\mathcal{Y}$上是L-分解的，如果存在分解

$$X=X^0\cup X^1,X^i=\coprod_L X_j^i$$

其中$X_j^i\subseteq\mathcal{Y}$($i=1,2$). 第二个等式指$L$-不交并，即若$X_j^i\neq X_{j'}^i$，则

$$(X_j^i\times X_{j'}^i)\cap L=\varnothing.$$

设$\mathcal{X}$和$\mathcal{Y}$是粗空间$(Z,\mathcal{E})$两族粗子空间，L是一控制集. 我们称$\mathcal{X}$在$\mathcal{Y}$上是L-分解的，如果每个$X\in\mathcal{X}$在$\mathcal{Y}$上是L-分解的.

一族粗空间 $\mathcal{Y}$ 是一致有界的，如果

$$\bigcup_{Y\in\mathcal{Y}} Y\times Y$$

是控制集.

另外，我们可以把一个粗空间 X 的分解理解为一粗空间族 $\{X\}$ 的分解.

对于粗空间 X，我们做下面一个粗分解游戏：玩家 1 给出一个控制集 L_1，玩家 2 给出一族粗空间 $\mathcal{Y}_1$ 使得 $\{X\}$ 在 $\mathcal{Y}_1$ 上是 L_1-分解的；然后，玩家 1 给出一个控制集 L_2，玩家 2 给出一族粗空间 $\mathcal{Y}_2$ 使得 $\mathcal{Y}_1$ 在 $\mathcal{Y}_2$ 上是 L_2-分解的. 按这种方式一直玩下去，直到玩家 2 胜出为止. 玩家 2 胜出是指存在 $k\in\mathbb{N}$，玩家 2 能够在一族一致有界的粗空间上分解 $\mathcal{Y}_{k-1}$.

定义 5.4.2[20] 设 $(X,\mathcal{E})$ 是粗空间. 称 X 具有有限粗分解复杂度，如果玩家 2 能在对 $\{X\}$ 的粗分解游戏当中胜出.

定义 5.4.3[20] 设 $(X,\mathcal{E})$ 是粗空间. 称 X 具有直有限粗分解复杂度，如果对任意一列控制集 $L_1\subseteq L_2\subseteq L_3\subseteq\cdots$，存在 X 的有限粗子空间族

$$\mathcal{Y}_1,\mathcal{Y}_2,\cdots,\mathcal{Y}_k$$

使得

$$\mathcal{Y}_0=\{X\},\mathcal{Y}_{i-1}\xrightarrow{L_i}\mathcal{Y}_i$$

且 $\mathcal{Y}_k$ 一致有界.

设 $(X,\mathcal{E})$ 是粗空间，$\mathcal{Y}$ 是 X 的一族粗子空间. $L\subseteq\mathcal{E}$ 是一控制集，d 是一正整数. 称 X 在 $\mathcal{Y}$ 上是 (L,d) -分解的，如果

$$X=X^0\cup X^1\cup\cdots\cup X^d$$

使得对每个 $i=1,\cdots,d$，有

$$X^i=\coprod_L X^i_j$$

其中 $X^i_j\subseteq\mathcal{Y}$.

定义 5.4.4[20] 设 $(X,\mathcal{E})$ 是粗空间. 称 X 具有有限弱粗分解复杂度，如

果玩家 2 能在对 $\{X\}$ 的弱粗分解游戏中胜出.

命题 5.4.2 设 (X,d) 是一度量空间，$\mathcal{E}$ 是 X 上的有界粗结构.

（1）(X,d) 具有有限弱分解复杂度当且仅当 $(X,\mathcal{E})$ 具有有限弱粗分解复杂度；

（2）(X,d) 具有有限分解复杂度当且仅当 $(X,\mathcal{E})$ 具有有限粗分解复杂度；

（3）(X,d) 具有直有限分解复杂度当且仅当 $(X,\mathcal{E})$ 具有直有限粗分解复杂度.

证明 （1）首先，假设 (X,d) 具有有限弱分解复杂度. 当玩家 1 任意给出一控制集 L_1 和正整数 d_1 时，定义

$$R_1=\sup\{d(x,x'):(x,x')\in L_1\}.$$

由于 (X,d) 具有有限弱分解复杂度，则存在 $\mathcal{X}_1$ 使得 X 在 $\mathcal{X}_1$ 上是 (R_1,d_1)-分解的，即

$$X=\bigcup_{i=1}^{d_1}\mathcal{U}_i,$$

其中 $\mathcal{U}_i\subseteq x_1$ 且 $\mathcal{U}_i$ 是 R_1-不相交.

下面需要证明 $\mathcal{U}_i$ 是 L_1-不相交，即对任意 $A,B\in\mathcal{U}_i,A\neq B$，有

$$(A\times B)\bigcap L_1=\varnothing.$$

假设

$$a\in A,b\in B,(a,b)\in L_1,$$

则有

$$d(a,b)\leqslant R_1.$$

这与 $\mathcal{U}_i$ 是 R_1-不相交矛盾. 所以，X 在 $\mathcal{X}_1$ 上是 (L_1,d_1)-分解的.

当玩家 1 给出控制集 L_i 和正整数 d_i 时，定义

$$R_i=\sup\{d(x,x'):(x,x')\in L_i\}.$$

则存在 $\mathcal{X}_i$ 使得 $\mathcal{X}_{i-1}$ 在 $\mathcal{X}_i$ 上是 (R_i,d_i)-分解的，类似地，可以得到 $\mathcal{X}_{i-1}$ 在 $\mathcal{X}_i$ 上

是(L_i,d_i)-分解的. 由于(X,d)具有有限弱分解复杂度，经过有限步之后，分解游戏结束. 不妨设第k步，存在一致有界子空间族$\mathcal{X}_k$，使得$\mathcal{X}_{k-1}$在$\mathcal{X}_k$上是(R_k,d_k)-分解的. 同样地，$\mathcal{X}_{k-1}$在$\mathcal{X}_k$上是(L_k,d_k)-分解的.

下面需要证明$\mathcal{X}_k$是粗一致有界的. 事实上，$\mathcal{X}_k=\bigcup_\alpha X_\alpha^k$具有一致有界的直径，即

$$\sup_\alpha\{\mathrm{diam}(\mathrm{X}_\alpha^k)\}<\infty.$$

则

$$\sup_\alpha\{d(x,y):(x,y)\in\Delta_{\mathcal{X}_k}\}<\infty,$$

即

$$\Delta_{\mathcal{X}_k}\in\mathcal{E}.$$

所以，(X,d)具有有限弱分解复杂度，则$(X,\mathcal{E})$具有有限弱粗分解复杂度.

反过来，假设$(X,\mathcal{E})$具有有限弱粗分解复杂度. 当玩家 1 任意给出$R_1>0$和正整数d_1时，定义一控制集L_1：

$$L_1=\{(x,y)\in X\times X:d(x,y)\leqslant R_1\}.$$

由于$(X,\mathcal{E})$具有有限粗弱分解复杂度，则存在$\mathcal{X}_1$使得X在$\mathcal{X}_1$上是(L_1,d_1)-分解的，即

$$X=\bigcup_{i=1}^{d_1}\mathcal{U}_i,$$

其中$\mathcal{U}_i\subseteq\mathcal{X}_1$且$\mathcal{U}_i$是$L_1$-不相交.

下面需要证明$\mathcal{U}_i$是R_1-不相交，即对任意$A,B\in\mathcal{U}_i,A\neq B$，有

$$d(A,B)\geqslant R_1.$$

事实上，对任意$A,B\in\mathcal{U}_i,A\neq B$，有

$$(A\times B)\cap L_1=\varnothing.$$

所以，若 $a\in A,b\in B$，则

$$(a,b)\notin L_1,$$

即

$$d(a,b)>R_1.$$

这样，可以得到 $\mathcal{U}_i$ 是 R_1-不相交.

当玩家 1 给出 $R_i>0$ 和正整数 d_i 时，定义

$$L_i=\{(x,y)\in X\times X:d(x,y)\leqslant R_i\}.$$

则存在 $\mathcal{X}_i$ 使得 $\mathcal{X}_{i-1}$ 在 $\mathcal{X}_i$ 上是 (L_i,d_i)-分解的，类似地，可以得到 $\mathcal{X}_{i-1}$ 在 $\mathcal{X}_i$ 上是 (R_i,d_i)-分解的. 由于 $(X,\mathcal{E})$ 具有有限粗弱分解复杂度，经过有限步之后，粗分解游戏结束. 不妨设第 k 步，存在粗一致有界子空间族 $\mathcal{X}_k$，使得 $\mathcal{X}_{k-1}$ 在 $\mathcal{X}_k$ 上是 (L_k,d_k)-分解的. 同样地，$\mathcal{X}_{k-1}$ 在 $\mathcal{X}_k$ 上是 (R_k,d_k)-分解的. 由于 $\mathcal{X}_k$ 是粗一致有界，则

$$\Delta_{\mathcal{X}_k}\in\mathcal{E}.$$

即

$$\sup_{\alpha}\{\mathrm{diam}(X_\alpha^k):X_\alpha^k\in\mathcal{X}_k\}<\infty.$$

因此，$\mathcal{X}_k$ 是度量一致有界.

这样，就证明了 $(X,\mathcal{E})$ 具有有限弱粗分解复杂度，则 (X,d) 具有有限弱分解复杂度.

（2）命题（1）中取每个 $d_i=2$，就得到了命题（2）的证明.

（3）首先，假设 (X,d) 具有直有限分解复杂度.

考虑 $L_1\subseteq L_2\subseteq L_3\subseteq\cdots$ 是一列控制集. 对每个 i，定义

$$R_i=\sup\{d(x,x'):(x,x')\in L_i\}.$$

由有界粗结构的定义知，每个 R_i 是有限的，且有

$$R_1\leqslant R_2\leqslant R_3\leqslant\cdots.$$

其次，考虑 $R_1 \leqslant R_2 \leqslant R_3 \leqslant \cdots$ 是一列正数，定义

$$L_i = \{(x, y) \in X \times X : d(x, y) \leqslant R_i\}.$$

由此得到 $L_1 \subseteq L_2 \subseteq L_3 \subseteq \cdots$ 是一列控制集.

剩下的证明和命题（1）的证明思路相同，此处不再阐述.

证毕.

6 离散度量空间和群的强嵌入

在文献[60]中，Gromov 介绍了度量空间粗嵌入的概念，并指出度量空间粗嵌入到希尔伯特空间或者一致凸巴拿赫空间可能对粗几何 Novikov 猜测具有重要作用. 随后，在文献[148]中，郁国樑证明了具有有界几何的度量空间如果能够粗嵌入到希尔伯特空间，则该空间上的粗 Baum-Connes 猜测成立，进而粗 Novikov 猜测也成立. 在文献[148]中，郁国樑还给出了顺从性的推广形式——性质 A，证明了具有性质 A 的度量空间能够粗嵌入到希尔伯特空间. 后来，性质 A 和粗嵌入得到了广泛的研究[25-27][102-103]. 在文献[41]中，M. Dadarlat 等证明了性质 A 在群扩张下的保持性. 和性质 A 不一样，粗嵌入到希尔伯特空间在群扩张是不稳定的[10]. 在文献[76]中，Ji，Ogle 和 W. Ramsey 提出了强嵌入的概念，并证明了强嵌入在任何群扩张下都是保持的.

强嵌入也是一种粗几何不变量，它强于粗嵌入，又弱于性质 A. 在文献[141]中，J. Xia 和 X. Wang 研究了强嵌入的各种保持性问题和在有限分解复杂度下的不变性. 在文献[142]中，J. Xia 和 X. Wang 研究了强嵌入在群作用下的遗传性.

本章对强嵌入的性质做了补充，具体研究了强嵌入的纤维保持性质，强嵌入在度量空间的直积下的封闭性. 同时，还推广了文献[142]中的结论，证明了强嵌入在粗拟的群作用下的遗传性. 特别地，本章证明了对于具有有界几何的度量空间来说强嵌入和性质 A 是一致的.

6.1 准备知识

在本章中，我们假设所有的度量空间是一致离散的且具有有界几何，这类空间包含许多有趣的例子，比如有限生成群. 设 B 是一个巴拿赫空间，为了书写方便，记

$$B_1=\{\eta\in B:\|\eta\|=1\}.$$

对任意 $R,\varepsilon>0$，称映射 $\xi:X\to B$ 具有 (R,ε)- 变差，如果对任意 $x,y\in X$，则有

$$d(x,y)\leqslant R\Rightarrow\left\|\xi_x-\xi_y\right\|\leqslant\varepsilon.$$

定义 6.1.1[76] 设 X 为度量空间，称 X 是可强嵌入的当且仅当对任意 $R,\varepsilon>0$，存在希尔伯特值映射 $\beta:X\to(l^2(X))_1$ 满足

（1）β 具有 (R,ε)- 变差；

（2）$\lim\limits_{S\to\infty}\sup\limits_{x\in X}\sum\limits_{w\notin B(x,S)}\left|\beta_x(w)\right|^2=0$.

由性质 A 和粗嵌入的等价定义知，强嵌入是介于二者之间的一种粗几何性质，强于粗嵌入而弱于性质 A. 因此，可强嵌入且具有有界几何的度量空间上的粗 Baum-Connes 猜测成立.

对一族度量空间来说，我们还经常用到在某种一致控制意义下的强嵌入.

定义 6.1.2[76] 设 $(X_i)_{i\in I}$ 是一族度量空间，称 $(X_i)_{i\in I}$ 是等度可强嵌入的，如果对任意 $R,\varepsilon>0$，存在一族希尔伯特值映射 $\beta^i:X_i\to(l^2(X_i))_1$ 满足

（1）对每个 $i\in I$，β^i 都具有 (R,ε)- 变差；

（2）$\lim\limits_{S\to\infty}\sup\limits_{i\in I}\sup\limits_{x\in X}\sum\limits_{w\notin B(x,S)}\left|\beta_x^i(w)\right|^2=0$.

设 X 是一个集合，$\phi_i:X\to[0,1]$ 是 X 上的一族连续函数，且满足对任意 $x\in X$，有

$$\sum_{i\in I}\phi_i(x)=1\ ,$$

则称 $\{\phi_i\}_{i\in I}$ 为 X 上的一个单位分解.

假设 $U=\{U_i\}_{i\in I}$ 是 X 的一个覆盖，X 上的单位分解 $\{\phi_i\}_{i\in I}$ 满足对任意 $i\in I$，有

$$\operatorname{supp}\phi_i\subseteq U_i\ ,$$

则称 $\{\phi_i\}_{i\in I}$ 为从属于覆盖 U 的单位分解.

命题 6.1.1[142] 设 X 为度量空间，如果对任意 $R,\varepsilon>0$，存在 X 上的单位分解 $\{\phi_i\}_{i\in I}$ 满足

（1）对任意 $x,y\in X$，若 $d(x,y)\leqslant R$，则 $\sum\limits_{i\in I}|\phi_i(x)-\phi_i(y)|\leqslant\varepsilon$；

（2）$\{\phi_i\}_{i\in I}$ 从属于 X 的等度可强嵌入覆盖 $\mathcal{U}=\{U_i\}_{i\in I}$，

则 X 是可强嵌入的.

设 $\mathcal{U}=\{U_i\}_{i\in I}$ 是度量空间 X 的一个覆盖. 对任意 $x\in X$，如果 x 至多包含在 $\mathcal{U}$ 的 k 个元素中，则称 k 为覆盖 $\mathcal{U}$ 的重数. 设 $R>0$，对 X 中任意一个以 R 为半径的球 $B(R)$，如果 $B(R)$ 至多与 $\mathcal{U}$ 中的 n 个元素相交，则称 n 为覆盖 $\mathcal{U}$ 的 R-重数. 设 $L>0$，如果 X 中任意一个半径不超过 L 的球都能包含在覆盖 $\mathcal{U}$ 的某个元素中，则称覆盖 $\mathcal{U}$ 的勒贝格数为 L. 如果对任意 $U,V\in\mathcal{U}$，$U\neq V$，有

$$d(U,V)>L\ ,$$

则称覆盖 $\mathcal{U}$ 是 L-分离的.

设 $k\geqslant 0, L>0$，如果存在覆盖 $\mathcal{U}$ 的一个划分

$$\mathcal{U}=\mathcal{U}_0\cup\mathcal{U}_1\cup\cdots\cup\mathcal{U}_k\ ,$$

且每个 U_i ($i=0,1,\cdots,k$)是 L-分离的，则称覆盖 U 是 (k,L)- 分离的.
注意到，如果 X 的覆盖 $\mathcal{U}$ 是 $(k,2L)$- 分离的，则 $\mathcal{U}$ 的 L-重数 $\leqslant k+1$.

令

$$U(L)=\{x\in X:d(x,U)\leqslant L\}\ ,$$

$$\mathcal{U}_L = \{U(L): U \in \mathcal{U}\}.$$

注意到，如果 X 的覆盖 $\mathcal{U}$ 的 L-重数≤k+1，则覆盖 $\mathcal{U}_L$ 的重数≤k+1，勒贝格数为 L.

定义 6.1.3 设 X 为度量空间，X 具有有限渐近维，如果存在 k≥0 使得对任意 L≥0 存在 X 的一个勒贝格数至少为 L、重数为 k+1 的一致有界覆盖. 则满足上述条件的最小的 k 称为 X 的渐近维数，记 asdim X=k.

我们将用到下面重要的结论.

引理 6.1.1[16] 设 X 为度量空间，$\mathcal{U}=\{U_i\}_{i\in I}$ 是 X 上重数为 k、勒贝格数为 L 的覆盖. 则存在从属于覆盖 $\mathcal{U}$ 的单位分解 $\{\phi_i\}_{i\in I}$ 使得对任意 $x,y\in X$，有

$$\sum_{i\in I}|\phi_i(x)-\phi_i(y)| \leqslant \frac{(2k+2)(2k+3)}{L} d(x,y).$$

证明 对每个 $i\in I$，定义映射 $\phi_i: X\to[0,1]$ 为

$$\phi_i(x)=\frac{d(x,X\setminus U_i)}{\sum_{j\in I} d(x,X\setminus U_j)}$$

显然，对任意 $x\in X$，有

$$\sum_{i\in I}\phi_i(x)=1,$$

若 $x\notin U_i$，则

$$\phi_i(x)=0.$$

所以，$\{\phi_i\}_{i\in I}$ 为从属于覆盖 $\mathcal{U}$ 的单位分解.

对任意 $x\in X$，至少存在一个 U_i 满足

$$U_i \subseteq B(x,L),$$

则有

$$d(x,X\setminus U_i)\geqslant L.$$

另外，由三角不等式知，对任意 $x,y\in X$，有

$$d(x,y) \geqslant \left| d(x, X \setminus U_i) - d(y, X \setminus U_i) \right|.$$

从而

$$\begin{aligned}
&\left|\phi_i(x) - \phi_i(y)\right| \\
&= \left| \frac{d(x, X \setminus U_i)}{\sum_{j \in I} d(x, X \setminus U_j)} - \frac{d(y, X \setminus U_i)}{\sum_{j \in I} d(y, X \setminus U_j)} \right| \\
&\leqslant \left| \frac{d(x, X \setminus U_i)}{\sum_{j \in I} d(x, X \setminus U_j)} - \frac{d(y, X \setminus U_i)}{\sum_{j \in I} d(x, X \setminus U_j)} \right| + \left| \frac{d(y, X \setminus U_i)}{\sum_{j \in I} d(x, X \setminus U_j)} - \frac{d(y, X \setminus U_i)}{\sum_{j \in I} d(y, X \setminus U_j)} \right| \\
&\leqslant \frac{d(x,y)}{\sum_{j \in I} d(x, X \setminus U_j)} + \frac{d(y, X \setminus U_i)}{\sum_{j \in I} d(y, X \setminus U_j)} \cdot \frac{\sum_{j \in I} \left| d(y, X \setminus U_j) - d(x, X \setminus U_j) \right|}{\sum_{j \in I} d(x, X \setminus U_j)}
\end{aligned}$$

由于覆盖 $\mathcal{U}$ 的勒贝格数为 L，则

$$\frac{d(x,y)}{\sum_{j \in I} d(x, X \setminus U_j)} \leqslant \frac{d(x,y)}{L},$$

且求和项 $\sum_{j \in I} \left| d(y, X \setminus U_j) - d(x, X \setminus U_j) \right|$ 中至多有 $2k+2$ 个非零项，所以

$$\sum_{j \in I} \left| d(y, X \setminus U_j) - d(x, X \setminus U_j) \right| \leqslant (2k+2) d(x,y),$$

从而

$$\frac{\sum_{j \in I} \left| d(y, X \setminus U_j) - d(x, X \setminus U_j) \right|}{\sum_{j \in I} d(x, X \setminus U_j)} \leqslant \frac{(2k+2)}{L} d(x,y).$$

又由于

$$\frac{d(y, X \setminus U_i)}{\sum_{j \in I} d(y, X \setminus U_j)} \leqslant 1.$$

所以

$$\frac{d(x,y)}{\sum_{j\in I}d(x,X\setminus U_j)}+\frac{d(y,X\setminus U_i)}{\sum_{j\in I}d(y,X\setminus U_j)}\cdot\frac{\sum_{j\in I}\left|d(y,X\setminus U_j)-d(x,X\setminus U_j)\right|}{\sum_{j\in I}d(x,X\setminus U_j)}$$
$$\leqslant\frac{1}{L}d(x,y)+1\cdot\frac{2k+2}{L}d(x,y)$$
$$=\frac{2k+3}{L}d(x,y),$$

即

$$\left|\phi_i(x)-\phi_i(y)\right|\leqslant\frac{2k+3}{L}d(x,y).$$

同样，求和项 $\sum_{i\in I}\left|\phi_i(x)-\phi_i(y)\right|$ 中至多有 $2k+2$ 个非零项，所以

$$\sum_{i\in I}\left|\phi_i(x)-\phi_i(y)\right|\leqslant\frac{(2k+2)(2k+3)}{L}d(x,y)$$

证毕.

下面将介绍群的粗拟作用（coarse quasi-action）的概念，它是群的拟作用的推广[12][100].

这里，给出扩张映射的另一种描述：设 X 和 Y 是两个度量空间，映射 $f:X\to Y$ 是扩张的，如果存在非减函数 $\gamma:[0,\infty]\to[0,\infty]$ 使得对任意 $x,x'\in X$，有

$$d(x,x')\leqslant t\Rightarrow d(f(x),f(x'))\leqslant\gamma(t)$$

定义 6.1.4[12] 称映射 $f:G\times X\to X$ 为群 G 度量空间 X 上粗拟作用，如果对每个 $g\in G$，$f_g:X\to X$ 是粗等价映射且满足

（1）所有的 f_g 都是粗映射，且存在非减函数 $\gamma:[0,\infty]\to[0,\infty]$ 使得对任意 $g\in G$，总有 $d(x,x')\leqslant t\Rightarrow d(f_g(x),f_g(x'))\leqslant\gamma(t)$；

（2）存在一个数 $A\geqslant 0$ 使得 $d(f_{id},id_X)\leqslant A$；

（3）存在一个数 $B\geqslant 0$ 使得对任意 $g,h\in G$，有 $d(f_g\circ f_h,f_{gh})\leqslant B$.

从定义 6.1.4 可知，对任意 $g\in G$，有

$$\begin{aligned} d(f_g\circ f_{-g},id_X) &\leqslant d(f_g\circ f_{-g},f_{id})+d(f_{id},id_X) \\ &\leqslant A+B. \end{aligned}$$

6.2 直接极限

在这一部分，将证明对于度量空间，强嵌入在直接极限下是封闭的. 这个结果不同于文献[141]中的定理 4.3.

引理 6.2.1 设 $\{X_i\}_{i\in I}$ 是一族等度可强嵌入的度量空间，如果 Y_i 是 X_i 的子空间，则子空间族 $\{Y_i\}_{i\in I}$ 也是等度可强嵌入的.

证明 对每个 $i\in I$，设 d_i 是 X_i 上的度量. 定义映射 $p_i:X_i\to Y_i$ 为

$$p_i=\begin{cases} y,\ x\in X_i\setminus Y_i, d_i(x,y)\leqslant 2d_i(x,Y_i) \\ x,\ x\in Y_i \end{cases}.$$

对任意 $R,\varepsilon>0$，由等度强嵌入的定义知，存在一族映射 $\beta^i:X_i\to(l^2(X_i))_1$ 满足

（1）对每个 $i\in I$，β^i 都具有 (R,ε)- 变差；

（2）$\lim\limits_{S\to\infty}\sup\limits_{i\in I}\sup\limits_{x\in X}\sum\limits_{w\notin B(x,S)}\left|\beta_x^i(w)\right|^2=0$,

则对每个 $i\in I$，定义等距映射 $\alpha^i:l^2(X_i)\to l^2(Y_i\times X_i)$ 为

$$\alpha^i(\zeta)(y,x)=\begin{cases} \zeta(x), y=p_i(x) \\ 0,\quad \text{其他} \end{cases},$$

其中 $\zeta\in l^2(X_i)$.

定义映射 $\xi^i:l^2(Y_i)\to l^2(Y_i\times X_i)$ 为

$$\xi_y^i(t,s)=\alpha^i\beta_y^i(t,s),$$

其中 $t\in Y_i,s\in X_i$.

注意到，对任意 $y\in Y_i$，有

$$\begin{aligned}\left\|\xi_y^i\right\|_{l^2(Y_i\times X_i)}^2 &= \sum_{(t,s)\in Y_i\times X_i}\left|\xi_y^i(t,s)\right|^2\\ &= \sum_{(t,s)\in Y_i\times X_i}\left|\alpha^i(\beta_y^i)(t,s)\right|^2\\ &= \sum_{s\in X_i}\left|\beta_y^i(s)\right|^2\\ &= \left\|\beta_y^i\right\|_{l^2(X_i)}^2\\ &= 1.\end{aligned}$$

类似地，对任意 $y,y'\in Y_i$ ，有

$$\left\|\xi_y^i-\xi_{y'}^i\right\|_{l^2(Y_i\times X_i)}^2=\left\|\beta_y^i-\beta_{y'}^i\right\|_{l^2(X_i)}^2.$$

定义映射 $\eta^i:Y_i\to l^2(Y_i)$ 为

$$\eta_y^i(t)=\left\|\xi_y^i(t,\cdot)\right\|_{l^2(Y_i)},y\in Y_i,$$

其中 $t\in Y_i$.

注意到，对任意 $y\in Y_i$ ，有

$$\begin{aligned}\left\|\eta_y^i\right\|_{l^2(Y_i)}^2 &= \sum_{t\in Y_i}\left|\eta_y^i(t)\right|^2\\ &= \sum_{t\in Y_i}\left\|\xi_y^i(t,\cdot)\right\|_{l^2(Y_i)}^2\\ &= \left\|\xi_y^i\right\|_{l^2(Y_i\times X_i)}^2\\ &= 1.\end{aligned}$$

则对任意 $y,y'\in Y_i$ ， $d_i(y,y')\leqslant R$ ，有

$$\begin{aligned}\left\|\eta_y^i-\eta_{y'}^i\right\|_{l^2(Y_i)}^2 &= \sum_{t\in Y_i}\left|\eta_y^i(t)-\eta_{y'}^i(t)\right|^2\\ &= \sum_{t\in Y_i}\left|\left\|\xi_y^i(t,\cdot)\right\|_{l^2(X_i)}-\left\|\xi_{y'}^i(t,\cdot)\right\|_{l^2(X_i)}\right|^2\\ &\leqslant \sum_{t\in Y_i}\left\|\xi_y^i(t,\cdot)-\xi_{y'}^i(t,\cdot)\right\|_{l^2(X_i)}^2\\ &= \left\|\xi_y^i-\xi_{y'}^i\right\|_{l^2(Y_i\times X_i)}^2\\ &= \left\|\beta_y^i-\beta_{y'}^i\right\|_{l^2(X_i)}^2\\ &= \varepsilon.\end{aligned}$$

所以，映射 η^i 具有 (R,ε)- 变差.

又由于

$$
\begin{aligned}
&\lim_{S\to\infty}\sup_{i\in I}\sup_{y\in Y_i}\sum_{z\notin B(y,S)}\left|\eta_y^i(z)\right|^2\\
=&\lim_{S\to\infty}\sup_{i\in I}\sup_{y\in Y_i}\sum_{z\notin B(y,S)}\left\|\xi_y^i(z,\cdot)\right\|_{l^2(X_i)}^2\\
=&\lim_{S\to\infty}\sup_{i\in I}\sup_{y\in Y_i}\sum_{z\notin B(y,S)}\sum_{x\in X_i}\left|\alpha^i(\beta_y^i)(z,x)\right|^2\\
=&\lim_{S\to\infty}\sup_{i\in I}\sup_{y\in Y_i}\sum_{x\in X_i}\sum_{z\notin B(y,S)}\left|\alpha^i(\beta_y^i)(z,x)\right|^2\\
=&\lim_{S\to\infty}\sup_{i\in I}\sup_{y\in Y_i}\sum_{x\in Y_i}\sum_{z\notin B(y,S)}\left|\alpha^i(\beta_y^i)(z,x)\right|^2+\lim_{S\to\infty}\sup_{i\in I}\sup_{y\in X_i}\sum_{x\in X_i\setminus Y_i}\sum_{z\notin B(y,S)}\left|\alpha^i(\beta_y^i)(z,x)\right|^2\\
=&\lim_{S\to\infty}\sup_{i\in I}\sup_{y\in Y_i}\sum_{x\notin B(y,S)}\left|\beta_y^i(x)\right|^2+\lim_{S\to\infty}\sup_{i\in I}\sup_{y\in Y_i}\sum_{x\in X_i\setminus Y_i}\left|\beta_y^i(x)\right|^2\\
\leqslant&\lim_{S\to\infty}\sup_{i\in I}\sup_{y\in Y_i}\sum_{x\notin B(y,S)}\left|\beta_y^i(x)\right|^2+\lim_{S\to\infty}\sup_{i\in I}\sup_{y\in X_i}\sum_{x\notin B(y,S)}\left|\beta_y^i(x)\right|^2\\
=&0.
\end{aligned}
$$

所以，$\{Y_i\}_{i\in I}$ 是等度可强嵌入的.

证毕.

引理 6.2.2 设 $c>0$，$\{X_i\}_{i\in I}$ 是一族度量空间，对每个 $i\in I$，Y_i 是 X_i 中的 c-网. 如果 $\{Y_i\}_{i\in I}$ 是等度可强嵌入的，则 $\{X_i\}_{i\in I}$ 也是等度可强嵌入的.

证明 这个命题的证明过程和文献[141]中引理 5.2 类似，这里不再详细阐述.

命题 6.2.1 设 $X_1\subseteq X_2\subseteq X_3\subseteq\cdots$ 是一列有界度量空间，令 $X=\bigcup_{n=1}^{\infty}X_n$，$X$ 的任何有界子集都包含在某个 X_n 中. 如果 $\{X_n\}_{n=1}^{\infty}$ 是等度可强嵌入的，则 X 是可强嵌入的.

证明 令 $L>0$. 由于每个 X_n 是有界的，则对任意度量空间 X_{n_k}，总能找到 $X_{n_{k+1}}$ 使得

$$\bigcup_{x\in X_{n_k}}\overline{B}(x,3L)\subseteq X_{n_{k+1}}.$$

这样，可得到$\{X_n\}$的一个子序列$\{X_{n_k}\}$满足

$$\left(\bigcup_{x\in X_{n_k}}\overline{B}(x,L)\right)\cap\left(\bigcup_{x\in X_{n_{k+2}}\setminus X_{n_{k+1}}}\overline{B}(x,L)\right)=\varnothing .$$

对每个$k\geqslant 1$，令

$$U_k=\bigcup_{x\in X_{n_{k+1}}\setminus X_{n_k}}\overline{B}(x,L).$$

那么，就得到X的一个覆盖$\mathcal{U}=\{U_k\}_{k=1}^{\infty}$，$\mathcal{U}$的重数至多是2，勒贝格数至少是$L$.

由于$X_{n_{k+1}}\setminus X_{n_k}$是$X_{n_k}$的子空间，序列$\{X_{n_k}\}$是等度可强嵌入的，由引理6.2.1知，$\{X_{n_{k+1}}\setminus X_{n_k}\}$也是等度可强嵌入的.

注意到，对任意$k\geqslant 1$，$X_{n_{k+1}}\setminus X_{n_k}$是$U_k$中的$L$-网，由引理6.2.2知，$\{U_k\}_{k=1}^{\infty}$是等度可强嵌入的.

对任意$R,\varepsilon>0$，由引理6.1.1知，存在从属于覆盖$\mathcal{U}$的单位分解$\{\phi_i\}_{i\in\mathbb{N}}$使得对任意$x,y\in X$，有

$$\sum_{i\in\mathbb{N}}\left|\phi_i(x)-\phi_i(y)\right|\leqslant\frac{42}{L}d(x,y).$$

要使得L充分大，不妨假设$L>\dfrac{42R}{\varepsilon}$，则当$d(x,y)\leqslant R$时，有

$$\sum_{i\in\mathbb{N}}\left|\phi_i(x)-\phi_i(y)\right|\leqslant\varepsilon.$$

由命题6.1.1知，X是可强嵌入的.
证毕.

6.3 纤维保持性

在这一部分，将证明强嵌入的一个非常重要的性质——纤维保持性. 和强嵌入的其他性质相比，纤维保持性更加微妙.

命题 6.3.1 设 X 和 Y 是两个度量空间，$f:X\to Y$ 是一个扩张映射，Y 具有性质 A. 如果对 Y 的任意覆盖 $\{U_i\}_{i\in I}$，X 的子空间族 $\{f^{-1}(U_i)\}_{i\in I}$ 是等度可强嵌入的，则 X 也是可强嵌入的.

证明 首先给出 $R,\varepsilon>0$.

由于映射 $f:X\to Y$ 是扩张的，则存在 $S>0$ 使得当 $x,x'\in X$，$d(x,x')\leqslant R$ 时，有

$$d(f(x),f(x'))\leqslant S.$$

因为 Y 具有性质 A，由性质 A 的一个等价定义[123]知，存在 Y 的一个一致有界的覆盖 $\mathcal{U}=\{U_i\}_{i\in I}$，$\{\phi_i\}_{i\in I}$ 是从属于覆盖 $\mathcal{U}$ 的单位分解且满足

$$\sum_{i\in I}\left|\phi_i(y)-\phi_i(y')\right|\leqslant\varepsilon,$$

其中 $y,y'\in Y,d(y,y')\leqslant S$.

对每个 $i\in I$，定义

$$\varphi_i=\phi_i\circ f.$$

显然，$\{\varphi_i\}_{i\in I}$ 是 X 上从属于覆盖 $\{f^{-1}(U_i)\}_{i\in I}$ 的单位分解.

当 $x,x'\in X,d(x,x')\leqslant R$ 时，$d(f(x),f(x'))\leqslant S$，有

$$\begin{aligned}&\sum_{i\in I}\left|\varphi_i(x)-\varphi_i(x')\right|\\\leqslant&\sum_{i\in I}\left|\phi_i\circ f(x)-\phi_i\circ f(x')\right|\leqslant\varepsilon.\end{aligned}$$

由命题 6.1.1 知，X 是可强嵌入的.

证毕.

推论 6.3.1 设 X 和 Y 是两个度量空间，$f:X\to Y$ 是李普希茨映射. 群 G 分别等距作用在 X 和 Y 上，且在 Y 上的作用是传递的（transitive），f 是 G 不变的. 假设 Y 具有性质 A，如果存在 $y_0\in Y$ 使得对每个 $n\in\mathbb{N}$，逆像 $f^{-1}(B(y_0,n))$ 是可强嵌入的，则 X 是可强嵌入的.

证明 因为 Y 具有性质 A，则存在 Y 的一个一致有界的覆盖

$$\mathcal{U}=\{U_i\}_{i\in I}.$$

注意到，G 在 Y 上的作用是等距和传递的，则存在 $n\in\mathbb{N}$ 和 $g_i\in G$ 使得对任意 $i\in I$，有

$$g_iU_i\subseteq B(y_0,n).$$

注意到

$$g_if^{-1}(U_i)=f^{-1}(g_iU_i)\subseteq f^{-1}(B(y_0,n)),$$

则子空间族 $\{f^{-1}(U_i)\}_{i\in I}$ 等距于 $f^{-1}(B(y_0,n))$ 的一族子空间.

由于 $f^{-1}(B(y_0,n))$ 是可强嵌入的，则 $\{f^{-1}(U_i)\}_{i\in I}$ 是等度可强嵌入的. 由命题 6.3.1 知，该推论成立.

证毕.

具有有限渐近维的度量空间具有性质 A，自然也是可强嵌入的. 下面给出这个结论的一个自然的推广.

命题 6.3.2 设 X 是一个度量空间. 如果对任意 $\sigma>0$，存在 X 的一个 (k,L)- 可分离覆盖 $\mathcal{U}$，且满足 $k^2+1\leqslant L\sigma$，$\mathcal{U}$ 是等度强嵌入的，则 X 是可强嵌入的.

证明 对任意 $R,\varepsilon>0$，假设 $\sigma>0$ 满足

$$0<\sigma<\frac{1}{20R}.$$

则对任意整数 $k\geqslant 0$，有

$$k^2+1\geqslant 2(2k+2)(2k+3)R\sigma.$$

由命题中的条件，则存在 X 的一个 $(k,2L)$- 可分离覆盖 $\mathcal{U}$ 使得 $\mathcal{U}$ 是等度可强嵌入的，且

$$k^2+1\leqslant 2L\sigma\varepsilon.$$

注意到，覆盖 $\mathcal{U}_L$ 的重数 $\leqslant k+1$，勒贝格数为 L.

由于 $\mathcal{U}_L$ 与 $\mathcal{U}$ 是粗等价的，所以 $\mathcal{U}_L$ 是等度可强嵌入的.

由引理 6.1.1 知，存在从属于覆盖 $\mathcal{U}_L$ 的单位分解 $\{\phi_{U(L)}\}_{U(L)\in\mathcal{U}_L}$ 使得对任意 $x,y\in X$，有

$$\sum_{U(L)\in U_L}\left|\phi_{U(L)}(x)-\phi_{U(L)}(y)\right|$$
$$\leqslant\frac{(2k+2)(2k+3)}{L}d(x,y)\leqslant\frac{k^2+1}{2RL\sigma}d(x,y).$$

特别地，如果$d(x,y)\leqslant R$，则有

$$\sum_{U(L)\in U_L}\left|\phi_{U(L)}(x)-\phi_{U(L)}(y)\right|\leqslant\frac{k^2+1}{2RL\sigma}d(x,y)\leqslant\varepsilon.$$

由命题 6.1.1 知，X是可强嵌入的.

证毕.

6.4 群作用下的遗传性

在这一部分，将给出文献[129]中结论的推广.

首先，回顾拟稳定子的概念. 设 G 是一个有限生成群且粗拟作用在度量空间 X 上，选定 X 中一点 x_0. 对 $T>0$，群作用的拟稳定子为

$$W_T(x_0)=\{g\in G:d(gx_0,x_0)\leqslant T\}.$$

另外，我们总是可以把 G 看成带有字长度量的度量空间.

命题 6.4.1 设 G 是一个有限生成群且粗拟作用在度量空间 X 上. 如果 X 具有有限渐近维，且存在 X 中一点 x_0 使得对任意 $T>0$，拟稳定子 $W_T(x_0)$ 是可强嵌入的，则 G 是可强嵌入的.

证明 由于轨道 Gx_0 是 X 的子空间，所以 Gx_0 也具有有限渐近维. 不失一般性，可以假设 G 在 X 上的作用是传递的.

设 S 是 G 一个对称有限生成集，d 是相对于 S 的字长度量. 令

$$\lambda=\max\{d(sx_0,x_0):s\in S\}.$$

定义映射$\pi:G\to X$为

$$\pi(g)=gx_0.$$

如果G等距作用在X上,则$\pi:G\to X$是λ-李普希茨. 但在该命题的条件下，$\pi:G\to X$是$\gamma(\lambda)$-李普希茨，其中γ满足定义 6.1.4（1）. 事实上，对任意

$g \in G$ 和 $s \in S$ ，有

$$\begin{aligned} d(\pi(g),\pi(gs)) &= d(gx_0, gsx_0) \\ &\leqslant \gamma(d(x_0, sx_0)) \\ &\leqslant \gamma(\lambda). \end{aligned}$$

假设 asdim $X \leqslant k$ ，给出 $L>0$. 由定义 6.1.2 知，存在 X 的一个勒贝格数为 L 、重数为 $k+1$ 的一致有界覆盖

$$\mathcal{U} = \{U_i\}_{i\in I},$$

记覆盖 $\mathcal{U}$ 的 L-邻域为

$$\mathcal{V} = \{V_i\}_{i\in I},$$

则 $\mathcal{V}$ 也是 X 的一个重数为 $k+1$ 的覆盖.

因为 $\mathcal{V}$ 是一致有界的，则对任意 $i \in I$ ，存在 $T>0$ 和 $x_i \in X_i$ 使得

$$V_i \subseteq B(x_i, T).$$

取 $g_i \in G$ ，使得

$$x_i = g_i x_0.$$

由定义 6.1.4，有

$$d(g_i^{-1}x_i, x_0) \leqslant A+B,$$

则

$$g_i^{-1}(B(x_i,T)) \subseteq B(g_i^{-1}x_i, \gamma(T)) \subseteq B(x_0, A+B+\gamma(T)).$$

由 $\pi: G \to X$ 的定义知

$$\begin{aligned} g_i^{-1}\pi^{-1}(B(x_i,T)) &\subseteq \pi^{-1}(B(x_0, A+2B+\gamma(T))) \\ &= W_{A+B+\gamma(T)}(x_0). \end{aligned}$$

所以

$$g_i^{-1}(V_i) \subseteq W_{A+B+\gamma(T)}(x_0).$$

注意到，$\{\pi^{-1}(V_i)\}_{i\in I}$ 与 $W_{A+B+\gamma(T)}(x_0)$ 的一族子空间等距. 因为 $W_{A+B+\gamma(T)}(x_0)$ 是可强嵌入的，则有 $\{\pi^{-1}(V_i)\}_{i\in I}$ 是等度可强嵌入的. 同理， $\{\pi^{-1}(V_i)\}_{i\in I}$ 也是等度可强嵌入的且覆盖 G.

下面利用命题 6.1.1 来完成证明.

对任意 $R,\varepsilon>0$，令

$$L \geqslant \frac{2\gamma(\lambda)R(2k+2)(2k+3)}{\varepsilon}.$$

由于 $\mathcal{U}$ 是 X 的一个勒贝格数为 L、重数为 $k+1$ 的一致有界覆盖，由引理 6.1.1 知，存在从属于覆盖 $\mathcal{U}$ 的单位分解 $\{\phi_{U_i}\}_{U_i\in U}$ 满足对任意 $x,y\in X$，有

$$\sum_{U_i\in U}\left|\phi_{U_i}(x)-\phi_{U_i}(y)\right| \leqslant \frac{(2k+2)(2k+3)}{L}d(x,y).$$

另外，因为 $\{\pi^{-1}(V_i)\}_{i\in I}$ 是等度可强嵌入的，则存在一族映射

$$\beta^i:\pi^{-1}(V_i)\to(l^2(\pi^{-1}(V_i)))_1$$

使得对任意 $i\in I$，β^i 具有 $\left(R,\dfrac{\varepsilon}{4}\right)$- 变差.

对任意 $i\in I$，定义映射 $\varphi_i:G\to[0,1]$ 为

$$\varphi_i(g)=\sum_{h\in\pi^{-1}(V_i)}\phi_{U_i}(\pi(g))\left|\beta_g^i(h)\right|^2,$$

其中 $g\in G$.

下面证明 $\{\varphi_i\}_{i\in I}$ 是 G 上满足命题 6.1.1 的单位分解.

首先，对任意 $g\in G$，有

$$\begin{aligned}\sum_{i\in I}\varphi_i(g)&=\sum_{i\in I}\sum_{h\in\pi^{-1}(V_i)}\phi_{U_i}(\pi(g))\left|\beta_g^i(h)\right|^2\\&=\sum_{i\in I}\phi_{U_i}(\pi(g))\sum_{h\in\pi^{-1}(V_i)}\left|\beta_g^i(h)\right|^2\\&=\sum_{i\in I}\phi_{U_i}(\pi(g))=1.\end{aligned}$$

注意到

$$\operatorname{supp}\varphi_i\subseteq\pi^{-1}(U_i),$$

则 $\{\varphi_i\}_{i\in I}$ 是 G 上的单位分解且从属于覆盖 $\{\pi^{-1}(U_i)\}_{i\in I}$.

其次，对任意 $g,g'\in G,d(g,g')\leqslant R$，如果 $g\in\{\pi^{-1}(U_i)\}_{i\in I}$，则存在 U_i 使得

$$\pi(g')\in U_i(\gamma(\lambda)R),$$

其中，$U_i(\gamma(\lambda)R)$ 是 U_i 的 $\gamma(\lambda)R$- 邻域.

如果 L 足够大，则有

$$U_i(\gamma(\lambda)R)\in V_i,$$

从而

$$g'\in V_i.$$

所以

$$\begin{aligned}
&\sum_{i\in I}|\varphi_i(g)-\varphi_i(g')|\\
&=\sum_{i\in I}\left|\sum_{h\in\pi^{-1}(V_i)}\phi_{U_i}(\pi(g))\left|\beta_g^i(h)\right|^2-\sum_{h\in\pi^{-1}(V_i)}\phi_{U_i}(\pi(g'))\left|\beta_{g'}^i(h)\right|^2\right|\\
&=\sum_{i\in I}\left|\sum_{h\in\pi^{-1}(V_i)}\left(\phi_{U_i}(\pi(g))\left|\beta_g^i(h)\right|^2-\phi_{U_i}(\pi(g'))\left|\beta_{g'}^i(h)\right|^2\right)\right|\\
&\leqslant\sum_{i\in I}\sum_{h\in\pi^{-1}(V_i)}\left|\phi_{U_i}(\pi(g))\left|\beta_g^i(h)\right|^2-\phi_{U_i}(\pi(g'))\left|\beta_{g'}^i(h)\right|^2\right|\\
&\leqslant\sum_{i\in I}\sum_{h\in\pi^{-1}(V_i)}\left|\phi_{U_i}(\pi(g))\left|\beta_g^i(h)\right|^2-\phi_{U_i}(\pi(g))\left|\beta_{g'}^i(h)\right|^2+\phi_{U_i}(\pi(g))\left|\beta_{g'}^i(h)\right|^2-\phi_{U_i}(\pi(g'))\left|\beta_{g'}^i(h)\right|^2\right|\\
&\leqslant\sum_{i\in I}\sum_{h\in\pi^{-1}(V_i)}\phi_{U_i}(\pi(g))\left\|\beta_g^i(h)\right|^2-\left|\beta_{g'}^i(h)\right|^2\right|+\sum_{i\in I}\left|\phi_{U_i}(\pi(g))-\phi_{U_i}(\pi(g'))\right|\\
&\leqslant\sum_{i\in I}\phi_{U_i}(\pi(g))\sum_{h\in\pi^{-1}(V_i)}\left|\beta_g^i(h)+\beta_{g'}^i(h)\right|\cdot\left|\beta_g^i(h)-\beta_{g'}^i(h)\right|+\frac{(2k+2)(2k+3)}{L}d(\pi(g),\pi(g'))\\
&\leqslant\sum_{i\in I}\phi_{U_i}(\pi(g))\left[\left(\sum_{h\in\pi^{-1}(V_i)}\left|\beta_g^i(h)+\beta_{g'}^i(h)\right|^2\right)^{\frac{1}{2}}\cdot\left(\sum_{h\in\pi^{-1}(V_i)}\left|\beta_g^i(h)-\beta_{g'}^i(h)\right|^2\right)^{\frac{1}{2}}\right]+\frac{(2k+2)(2k+3)}{L}\gamma(\lambda)R\\
&\leqslant\sum_{i\in I}\phi_{U_i}(\pi(g))\left\|\beta_g^i+\beta_{g'}^i\right\|\cdot\left\|\beta_g^i-\beta_{g'}^i\right\|+\frac{\varepsilon}{2}\\
&\leqslant\sum_{i\in I}\phi_{U_i}(\pi(g))\cdot 2\cdot\frac{\varepsilon}{4}+\frac{\varepsilon}{2}\\
&=\varepsilon.
\end{aligned}$$

由命题 6.1.1 知，G 是可强嵌入的.

证毕.

因为命题 6.1.1 也适用于粗嵌入到希尔伯特空间和正合性（exactness）（在具有有界几何度量空间下和性质 A 等价）[41][112]，所以对于粗嵌入到希尔伯特空间和正合性具有类似的结论，具体描述如下.

命题 6.4.2[41] 设 X 为度量空间，如果对任意 $R,\varepsilon>0$，存在 X 上的单

位分解 $\{\phi_i\}_{i\in I}$ 满足

（1）对任意 $x,y\in X$，若 $d(x,y)\leqslant R$，则 $\sum_{i\in I}|\phi_i(x)-\phi_i(y)|\leqslant\varepsilon$；

（2）$\{\phi_i\}_{i\in I}$ 从属于 X 的等度可粗嵌入的(等度正合的)覆盖 $U=\{U_i\}_{i\in I}$，则 X 是可粗嵌入的（正合的）.

命题 6.4.3 设 G 是一个有限生成群且粗拟作用在度量空间 X 上. 如果 X 具有有限渐近维，且存在 X 中一点 x_0 使得对任意 $T>0$，拟稳定子 $W_T(x_0)$ 是可粗嵌入的（正合的），则 G 是可粗嵌入的（正合的）.

6.5 强嵌入与性质 A

在这一部分，将证明强嵌入和性质 A 是等价的.

首先，回顾性质 A 的一个等价定义.

定义 6.5.1[135] 设 X 为度量空间，X 具有性质 A 当且仅当对任意 $R,\varepsilon>0$，存在希尔伯特值映射 $\xi:X\to(l^2(X))_1$ 满足

（1）ξ 具有 (R,ε)- 变差；

（2）存在 $S>0$，使得对任意 $x\in X$，有 $\mathrm{supp}\xi_x\subseteq B(x,S)$.

命题 6.5.1 度量空间 X 具有性质 A 当且仅当 X 是可强嵌入的.

证明 显然，如果 X 具有性质 A，则 X 是可强嵌入的.

反过来，假设 X 是可强嵌入的.

任取 $R,\varepsilon>0$，则存在一个希尔伯特值映射 $\beta:X\to(l^2(X))_1$ 满足

（1）β 具有 (R,ε)- 变差；

（2）$\lim\limits_{S\to\infty}\sup\limits_{x\in X}\sum\limits_{w\notin B(x,S)}|\beta_x(w)|^2=0$.

取 $S>0$，定义映射 $\overline{\xi}:X\to l^2(X)$ 为

$$\overline{\xi}_x(z)=\begin{cases}\beta_x(z), & z\in B(x,S)\\ 0, & z\notin B(x,S)\end{cases}$$

令 $S>R$，对任意 $x,y\in X$，$d(x,y)<R$，有

$$\|\overline{\xi}_x-\overline{\xi}_y\|\leqslant\|\beta_x-\beta_y\|<\varepsilon .$$

另外，如果使得 S 足够大，满足对任意 $x\in X$，有

$$\|\overline{\xi}_x\|\geqslant\frac{1}{2}$$

定义映射 $\xi:X\to l^2(X)$ 为

$$\xi_x=\frac{\overline{\xi}_x}{\|\overline{\xi}_x\|}$$

显然，$\|\xi\|=1$，且对任意 $x\in X$，有 $\mathrm{supp}\xi_x\subseteq B(x,S)$.

对任意 $x,y\in X$，$d(x,y)<R$，有

$$\begin{aligned}
\|\xi_x-\xi_y\| &= \left\|\frac{\overline{\xi}_x}{\|\overline{\xi}_x\|}-\frac{\overline{\xi}_y}{\|\overline{\xi}_y\|}\right\| \\
&= \frac{1}{\|\overline{\xi}_x\|}\left\|\overline{\xi}_x-\frac{\|\overline{\xi}_x\|\overline{\xi}_y}{\|\overline{\xi}_y\|}\right\| \\
&\leqslant \frac{1}{\|\overline{\xi}_x\|}\|\overline{\xi}_x-\overline{\xi}_y\|+\frac{1}{\|\overline{\xi}_x\|}\left\|\overline{\xi}_y-\frac{\|\overline{\xi}_x\|\overline{\xi}_y}{\|\overline{\xi}_y\|}\right\| \\
&= \frac{1}{\|\overline{\xi}_x\|}\|\overline{\xi}_x-\overline{\xi}_y\|+\left\|\frac{\left(\|\overline{\xi}_y\|-\|\overline{\xi}_x\|\right)\overline{\xi}_y}{\|\overline{\xi}_x\|\cdot\|\overline{\xi}_y\|}\right\| \\
&= \frac{1}{\|\overline{\xi}_x\|}\|\overline{\xi}_x-\overline{\xi}_y\|+\frac{\left|\|\overline{\xi}_y\|-\|\overline{\xi}_x\|\right|\cdot\|\overline{\xi}_y\|}{\|\overline{\xi}_x\|\cdot\|\overline{\xi}_y\|} \\
&\leqslant \frac{1}{\|\overline{\xi}_x\|}\|\overline{\xi}_x-\overline{\xi}_y\|+\frac{\|\overline{\xi}_x-\overline{\xi}_y\|}{\|\overline{\xi}_x\|\cdot\|\overline{\xi}_y\|} \\
&= \frac{2}{\|\overline{\xi}_x\|}\|\overline{\xi}_x-\overline{\xi}_y\| \\
&\leqslant 4\|\overline{\xi}_x-\overline{\xi}_y\| \\
&\leqslant 4\varepsilon.
\end{aligned}$$

则 ξ 具有 (R,ε)- 变差. 因此，X 具有性质 A.

证毕.

7 模糊度量空间的强嵌入

在文献[85]中，Kramosil 和 Michálek 介绍了模糊度量空间，它实际上是一个变形的 Menger 概率度量空间. 随后，George 和 Veeramani 在文献[56]中修正了 Kramosil 和 Michálek 对模糊度量空间的定义，修正后的模糊度量空间诱导的拓扑是 Hausdorff 的. 修正版本的模糊度量空间引起了众多学者的关注，并得出了许多关于模糊度量空间的重要结论. 除了理论价值外，模糊度量在彩色图像滤波等方面也有非常重要的应用[59][92].

大尺度几何又称粗几何，可以简单地描述为从远处观察几何物体[107]，它主要关注的是几何空间在无穷远处的结构以及它在无穷远处的渐近行为. 它的研究已经和群论[99][134]、指标理论[121][139]、非交换几何[144][149]、大数据分析[32][148]等领域息息相关.

尽管粗几何的应用非常广泛，但模糊度量意义下的粗几何却鲜有研究. 在文献[151]中，Zarichnyi 给出了一个关于模糊度量空间的大尺度几何的简短注释. 在文献[63]中，Grzegrzolka 介绍了模糊度量空间的渐近维数，Chung 研究了模糊度量空间的性质 A[38][144].

本章通过研究模糊度量空间的强嵌入，进一步探索模糊度量空间的大尺度几何. 强嵌入是一个粗不变量，它强于粗嵌入又弱于性质 A. 本章将证明该结果在模糊度量空间中仍然成立，并且模糊度量空间的强嵌入与度量空间中的强嵌入有许多相似的性质.

本章介绍了关于 George 和 Veeramani 意义下的模糊度量空间的一些必要的定义和性质，给出了模糊度量空间强嵌入的定义，并证明了标准模糊度量空间的强嵌入与其诱导度量下的强嵌入是一致的. 同时,证明了模糊度量空间的性质 A 蕴含了它的强嵌入，而强嵌入又蕴含模糊度量空间的粗嵌入，证明了模糊度量空间的强嵌入是粗不变量，并给出了模糊度量空间强嵌入的等价刻画.

7.1 准备知识

这部分介绍文献[56]中关于模糊度量空间的一些必要的定义和性质.

定义 7.1.1 称二元运算

$$*:[0,1]\times[0.1]\to[0,1]$$

为一个连续 t-模，如果它满足以下条件：

（1）对任意的 $a,b,c\in[0,1]$，有 $a*b=b*a$， $a*(b*c)=(a*b)*c$；

（2）$*$是连续的；

（3）对任意 $a\in[0,1]$，都有 $a*1=a$；

（4）对任意 $a,b,c,d\in[0,1]$，若 $a\leqslant c,b\leqslant d$，则 $a*b\leqslant c*d$.

例如， $a*b=ab$， $a*b=\min\{a,b\}$ 和 $a*b=\max\{0,a+b-1\}$ 都是连续 t-模. 容易验证，连续 t-模满足下列性质.

命题 7.1.1[56] 设$*:[0,1]\times[0.1]\to[0,1]$是一个连续 t-模，则

（1）若 $a,b\in(0,1)$ 且 $a>b$，则存在 $c\in(0,1)$，使得 $a*c\geqslant b$；

（2）对任意 $a\in(0,1)$，存在 $b\in(0,1)$，使得 $b*b\geqslant a$.

定义 7.1.2[56] 设 X 是一个集合，$*$是一个连续 t-模. 映射 $M:X\times X\times(0,\infty)\to(0,1]$ 是 X 上的一个模糊度量，如果对任意 $x,y,z\in X,s,t>0$, M 满足下列条件：

（1）$M(x,y,t)>0$；

（2）$M(x,y,t)=0\Leftrightarrow x=y$；

（3）$M(x,y,t)=M(y,x,t)$；

（4）$M(x,y,t)*M(y,z,s)\leqslant M(x,z,t+s)$；

（5）$M(x,y,\cdot):(0,\infty)\to(0,1]$ 是连续的.

对任意 $x,y\in X$, $M(x,y,\cdot)$ 是非减的[56]，一个具有连续 t-模且赋予一个模糊度量的集合称为模糊度量空间. 设 $(X,M,*)$ 是一个模糊度量空间，$Y\subseteq X$，那么 $(Y,M_Y,*)$ 也是一个模糊度量空间，其中 M_Y 相当于 M 在 $Y\times Y\times(0,\infty)$ 的限制. $(Y,M_Y,*)$ 称为模糊度量的子空间.

例 7.1.1 设 (X,d) 是一个度量空间. 定义 $a*b=ab$，其中 $a,b\in[0,1]$. 对任意 $x,y\in X$，$t>0$，定义下列模糊度量：

$$M(x,y,t)=\frac{t}{t+d(x,y)}.$$

则 $(X,M,*)$ 是一个模糊度量空间. $(X,M,*)$ 叫作 (X,d) 的标准模糊度量空间，M 叫作由 d 诱导的标准模糊度量.

设 $(X,M,*)$ 是一个模糊度量空间. 取 $x\in X, r\in(0,1)$ 和 $t>0$，记

$$B(x,r,t)=\{y\in X\mid M(x,y,t)>1-r\}.$$

称 $B(x,r,t)$ 是 $(X,M,*)$ 中以 x 为球心的球. $|B(x,r,t)|$ 表示球 $B(x,r,t)$ 中点的个数. 模糊度量空间 $(X,M,*)$ 是局部一致有限的，如果对每个 $r\in(0,1)$ 和 $t>0$，存在正整数 $N(r,t)$，使得对任意 $x\in X$，总有 $|B(x,r,t)|\leqslant N(r,t)$. 设 (X,d) 是一个度量空间，X 具有有界几何，如果对任意 $S>0$，总存在 $N>0$，使得对任意 $x\in X$，有 $|B_d(x,S)|\leqslant N$ 成立，其中 $B_d(x,S)=\{y\in X\mid d(x,y)\leqslant S\}$.

本研究考虑的模糊度量空间都是局部一致有界的，度量空间都具有有界几何.

下面的引理给出了度量空间中的球与它相应的标准模糊度量空间中的球之间的联系.

引理 7.1.1[38] 设 (X,d) 是一个度量空间，$(X,M,*)$ 是相应的标准模糊度量空间. 对于任意 $x\in X$, $t>0$，$r\in(0,1)$ 和 $R>0$，有

$$B_d(x,R)=B\left(x,\frac{R}{t+R},t\right)=B\left(x,r,\frac{R(1-r)}{r}\right).$$

成立.

定义 7.1.3[56] 设$(X,M,*)$是一个模糊度量空间. 称X的子集A有界，如果存在$r\in(0,1)$和$t>0$，使得对任意$x,y\in A$，有下式成立

$$M(x,y,t)>1-r.$$

引理 7.1.2[56] 设(X,d)是一个度量空间，$(X,M,*)$是相应的标准模糊度量空间. 则对任意$x,y\in X$，$r\in(0,1)$和$t>0$，总有

$$M(x,y,t)>1-r \Leftrightarrow d(x,y)<\frac{rt}{1-r}.$$

上述引理告诉我们，度量空间中的有界集在其相应的标准模糊度量空间中也是有界的，反之亦然. 然而存在一些模糊度量空间，它的两个有界子集的并是无界的（见文献[63]中例 2.7）. 文献[63]中，P. Grzegrzolka 证明了若模糊度量空间中不存在零因子,则有界子集的并仍然有界. 为了能够合理讨论模糊度量空间的强嵌入，本书中总是假定当$a\neq 0,b\neq 0$时，总有$a*b\neq 0$.

7.2 模糊度量空间的强嵌入

该部分给出了模糊度量空间强嵌入的定义. 为了更好地理解模糊度量空间的粗几何性质和结构，在给出模糊度量范畴下的粗几何的相关定义时，总是先介绍度量空间中相应的定义. 注意到，引理 7.1.2 在此过程中非常重要.

定义 7.2.1[76] 设(X,d)是一个度量空间. 称X是可强嵌入的当且仅当对任意$R,\varepsilon>0$，存在希尔伯特值映射$\xi:X\to l^2(X)$，满足

（1）对任意$x\in X$，有$\|\xi_x\|=1$；

（2）当$d(x,y)<R$时，有$\|\xi_x-\xi_y\|<\varepsilon$；

（3）$\lim\limits_{S\to\infty}\sup\limits_{x\in X}\sum\limits_{z\notin B_d(x,S)}|\xi_x(z)|^2=0$.

定义 7.2.2 设$(X,M,*)$是一个模糊度量空间. 称X是可强嵌入的当且仅当对任意$\varepsilon>0$，$r\in(0,1)$和$t>0$，存在希尔伯特值映射$\xi:X\to l^2(X)$，满足

（1）对任意 $x\in X$，有 $\|\xi_x\|=1$；

（2）当 $M(x,y,t)>1-r$ 时，有 $\|\xi_x-\xi_y\|<\varepsilon$；

（3）存在 $T>0$，使得 $\lim\limits_{R\to 1^-}\sup\limits_{x\in X}\sum\limits_{z\notin B_d(x,R,T)}|\xi_x(z)|^2=0$.

命题 7.2.1 设 (X,d) 是一个度量空间，$(X,M,*)$ 是相应的标准模糊度量空间. 则 (X,d) 是可强嵌入的当且仅当 $(X,M,*)$ 是可强嵌入的.

证明 假设 (X,d) 是可强嵌入的. 取定 $\varepsilon>0$，$r\in(0,1)$ 和 $t>0$，令 $c=\dfrac{tr}{1-r}$. 由定义 7.2.1 知，存在映射 $\xi:X\to l^2(X)$，满足

（1）对任意 $x\in X$，有 $\|\xi_x\|=1$；

（2）当 $d(x,y)<c$ 时，有 $\|\xi_x-\xi_y\|<\varepsilon$；

（3）$\lim\limits_{S\to\infty}\sup\limits_{x\in X}\sum\limits_{z\notin B_d(x,S)}|\xi_x(z)|^2=0$.

由引理 7.1.2 知，对任意 $x,y\in X$，有

$$d(x,y)<c=\frac{tr}{1-r}\Leftrightarrow M(x,y,t)>1-r.$$

即当 $M(x,y,t)>1-r$ 时，$\|\xi_x-\xi_y\|<\varepsilon$ 成立.

由引理 7.1.1 知

$$B_d(x,S)=B\left(x,\frac{S}{t+S},t\right).$$

固定 $T>0$，令 $R=\dfrac{S}{T+S}$. 注意到，当 $S\to+\infty$ 时，$R\to 1^-$，有

$$\lim_{R\to 1^-}\sup_{x\in X}\sum_{z\notin B_d(x,R,T)}|\xi_x(z)|^2=0.$$

所以，$(X,M,*)$ 是可强嵌入的.

反过来，假设 $(X,M,*)$ 是可强嵌入的. 取定 $R,\varepsilon>0$，令 $t=R,r=\dfrac{1}{2}$. 由定义 7.2.2 知，存在映射 $\xi:X\to l^2(X)$，满足

（1）对任意 $x\in X$，有 $\|\xi_x\|=1$；

（2）当 $M(x,y,t)>1-r$ 时，有 $\|\xi_x-\xi_y\|<\varepsilon$；

（3）存在 $t'>0$，使得 $\lim\limits_{r'\to 1^-}\sup\limits_{x\in X}\sum\limits_{z\notin B_d(x,r',t')}|\xi_x(z)|^2=0$.

由引理 7.1.2 知

$$M(x,y,t)>1-r\Leftrightarrow d(x,y)<\frac{tr}{1-r}=t=R\ ,$$

所以当 $d(x,y)<R$ 时，$\|\xi_x-\xi_y\|<\varepsilon$. 令 $S>0$，$r'=\dfrac{S}{t'+S}$. 则当 $S\to+\infty$ 时，$r'>1^-$.

由引理 7.1.1 知

$$B(x,r',t')=B\left(x,\frac{S}{t'+S},t'\right)=B_d(x,S)\ ,$$

所以

$$\lim_{S\to\infty}\sup_{x\in X}\sum_{z\notin B_d(x,S)}|\xi_x(z)|^2=0\ .$$

因此，(X,d) 是可强嵌入的.

证毕.

另外，强嵌入有下列遗传性质.

命题 7.2.2 设 $(X,M,*)$ 一个模糊度量空间，$(Y,M_Y,*)$ 是 X 的子空间. 若 X 是可强嵌入的，则 Y 也是可强嵌入的.

证明 取 $t_0>0$. $p_0:X\to Y$ 是一个投影，满足

$$M(x,p_0(x),t_0)\geqslant M(x,Y,t_0)\ ,$$

其中 $x\in X,M(x,Y,t_0)=\sup\{M(x,y,t_0)\mid y\in Y\}$.

对任意 $x\in X,y\in Y,$ 定义 $\gamma:l^2(X)\to l^2(Y\times X)$，使得

$$\gamma(u)(y,x)=\begin{cases}u(x), & y=p_0(x)\\ 0, & y\neq p_0(x)\end{cases},$$

这里$u\in l^2(X)$. 因此，可以看出γ是等距映射.

任意取$\varepsilon,t>0$和$r\in(0,1)$. 因为X是可强嵌入的，则存在映射$\eta: X\to l^2(X)$，满足

（1）对任意$x\in X$，有$\|\eta_x\|=1$；

（2）当$M(x_1,x_2,t)>1-r$时，有$\left\|\eta_{x_1}-\eta_{x_2}\right\|<\varepsilon$；

（3）存在$T_0>0$，使得$\lim\limits_{R\to 1^-}\sup\limits_{x\in X}\sum\limits_{z\notin B_d(x,R,T_0)}|\eta_x(z)|^2=0$.

对$t\in Y$，$s\in X$，定义$\alpha: Y\to l^2(Y\times X)$，满足

$$\alpha_y(t,s)=\gamma(\eta_y)(t,s).$$

注意到，对每个$y\in Y$，有

$$\begin{aligned}\|\alpha_y\|^2_{l^2(Y\times X)}&=\sum_{(t,s)\in Y\times X}|\alpha_y(t,s)|^2=\sum_{(t,s)\in Y\times X}|\gamma(\eta_y)(t,s)|^2\\&=\sum_{s\in X}|\eta_y(s)|^2=\|\eta_y\|^2_{l^2(X)}=1.\end{aligned}$$

另外，对任意$y_1,y_2\in Y$，有

$$\begin{aligned}\|\alpha_{y_1}-\alpha_{y_2}\|^2_{l^2(Y\times X)}&=\sum_{(t,s)\in Y\times X}|\alpha_{y_1}(t,s)-\alpha_{y_2}(t,s)|^2\\&=\sum_{(t,s)\in Y\times X}|\gamma(\eta_{y_1})(t,s)-\gamma(\eta_{y_2})(t,s)|^2\\&=\sum_{s\in X}|\eta_{y_1}(s)-\eta_{y_2}(s)|^2\\&=\|\eta_{y_1}-\eta_{y_2}\|^2_{l^2(X)}.\end{aligned}$$

对每个$y\in Y$，定义$\beta: Y\to l^2(Y)$，满足

$$\beta_y(t)=\|\alpha_y(t,\cdot)\|_{l^2(X)}.$$

则β具有以下两条性质：

（a）对任意$y\in Y$，有

$$\begin{aligned}\|\beta_y\|^2_{l^2(X)}&=\sum_{t\in Y}|\beta_y(t)|^2=\sum_{t\in Y}\|\alpha_y(t,\cdot)\|^2_{l^2(X)}\\&=\|\alpha_y\|^2_{l^2(Y\times X)}=1.\end{aligned}$$

（b）对任意 $y_1,y_2\in Y$ 且 $M(y_1,y_2,t)>1-r$ ，有

$$\begin{aligned}\left\|\beta_{y_1}-\beta_{y_2}\right\|_{l^2(Y)}^2&=\sum_{t\in Y}\left|\beta_{y_1}(t)-\beta_{y_2}(t)\right|^2\\&=\sum_{t\in Y}\left|\left\|\alpha_{y_1}(t,\cdot)\right\|_{l^2(X)}-\left\|\alpha_{y_2}(t,\cdot)\right\|_{l^2(X)}\right|^2\\&\leqslant\sum_{t\in Y}\left\|\alpha_{y_1}(t,\cdot)-\alpha_{y_2}(t,\cdot)\right\|_{l^2(X)}^2\\&=\left\|\beta_{y_1}-\beta_{y_2}\right\|_{l^2(Y\times X)}^2\\&=\left\|\eta_{y_1}-\eta_{y_2}\right\|_{l^2(X)}^2\\&<\varepsilon^2.\end{aligned}$$

从而

$$\begin{aligned}\lim_{R\to1^-}\sup_{y\in Y}\sum_{z\notin B(y,R,T_0)}\left|\eta_y(z)\right|^2&=\lim_{R\to1^-}\sup_{y\in Y}\sum_{z\notin B(y,R,T_0)}\left\|\alpha_y(z,\cdot)\right\|_{l^2(X)}^2\\&=\lim_{R\to1^-}\sup_{y\in Y}\sum_{z\notin B(y,R,T_0)}\sum_{x\in X}\left|\alpha_y(z,x)\right|^2\\&=\lim_{R\to1^-}\sup_{y\in Y}\sum_{z\notin B(y,R,T_0)}\sum_{x\in X}\left|\gamma(\eta_y)(z,x)\right|^2\\&=\lim_{R\to1^-}\sup_{y\in Y}\sum_{x\in X}\sum_{z\notin B(y,R,T_0)}\left|\gamma(\eta_y)(z,x)\right|^2\\&=\lim_{R\to1^-}\sup_{y\in Y}\sum_{x\in Y}\sum_{z\notin B(y,R,T_0)}\left|\gamma(\eta_y)(z,x)\right|^2+\\&\quad\lim_{R\to1^-}\sup_{y\in Y}\sum_{x\in X\setminus Y}\sum_{z\notin B(y,R,T_0)}\left|\gamma(\eta_y)(z,x)\right|^2.\end{aligned}\tag{7.1}$$

考虑式（7.1）的第一项. 如果 $x\in Y$ ，有 $p_0(x)=x$ ，从而

$$\begin{aligned}&\lim_{R\to1^-}\sup_{y\in Y}\sum_{x\in Y}\sum_{z\notin B(y,R,T_0)}\left|\gamma(\eta_y)(z,x)\right|^2\\&=\lim_{R\to1^-}\sup_{y\in Y}\sum_{z\notin B(y,R,T_0)}\left|\eta_y(z)\right|^2\\&\leqslant\lim_{R\to1^-}\sup_{y\in X}\sum_{z\notin B(y,R,T_0)}\left|\eta_y(z)\right|^2\\&=0.\end{aligned}$$

考虑式（3.1）的第二项，有

$$\begin{aligned}\limsup_{R\to 1^-}\sup_{y\in Y}\sum_{x\in X\setminus Y}\sum_{z\notin B(y,R,T_0)}\left|\gamma(\eta_y)(z,x)\right|^2 &\leqslant \limsup_{R\to 1^-}\sup_{y\in Y}\sum_{x\notin X\setminus Y}\left|\eta_y(x)\right|^2\\ &\leqslant \limsup_{R\to 1^-}\sup_{y\in Y}\sum_{x\notin B(y,R,T_0)}\left|\eta_y(x)\right|^2\\ &\leqslant \limsup_{R\to 1^-}\sup_{y\in X}\sum_{x\notin B(y,R,T_0)}\left|\eta_y(x)\right|^2\\ &=0.\end{aligned}$$

证毕.

7.3 性质 A 和粗嵌入

该部分将证明模糊度量空间的强嵌入是介于性质 A 和粗嵌入之间的一种粗几何性质.

命题 7.3.1[38] 设 $(X,M,*)$ 是一个模糊度量空间. 则 X 具有性质 A 当且仅当对任意 $\varepsilon>0, r\in(0,1)$ 和 $t>0$，存在一个希尔伯特值映射 $\beta: X\to l^2(X)$，满足

（1）对任意 $x\in X$，有 $\|\beta_x\|=1$；

（2）当 $M(x,y,t)>1-r$ 时，有 $\|\beta_x-\beta_y\|<\varepsilon$；

（3）存在 $R>0$ 和 $T>0$，使得对任意 $x\in X$，β_x 满足 $\mathrm{supp}(\beta_x)\subseteq B(x,R,T)$.

命题 7.3.2 具有性质 A 的模糊度量空间是可强嵌入的.

证明 利用强嵌入的定义及命题 7.3.1 很容易得出此结论，故证明省略.

定义 7.3.1[135] 设 (X,d) 是一个度量空间. 称 X 是可粗嵌入的当且仅当对任意 $R,\varepsilon>0$，存在一个希尔伯特值映射 $\beta: X\to\mathcal{H}$，满足

（1）对任意 $x\in X$，有 $\|\beta_x\|=1$；

（2）当 $d(x,y)\leqslant R$ 时，有 $\|\beta_x-\beta_y\|<\varepsilon$；

（3）$\mathrm{supp}\lim\limits_{S\to\infty}\sup\limits_{d(x,y)\geqslant S}\left|<\beta_x,\beta_y>\right|=0$.

定义 7.3.2 设 $(X,M,*)$ 是一个模糊度量空间. 称 X 是可粗嵌入的当且仅当对任意 $\varepsilon>0, r\in(0,1)$ 和 $t>0$，存在一个希尔伯特值映射 $\beta: X\to\mathcal{H}$，满足

（1）对任意 $x\in X$，有 $\|\beta_x\|=1$；

（2）当 $M(x,y,t)>1-r$ 时，有 $\|\beta_x-\beta_y\|<\varepsilon$；

（3）存在 $T>0$，使得 $\lim\limits_{R\to1^-}\sup\limits_{M(x,y,T)<1-R}|<\beta_x,\beta_y>|=0$.

命题 7.3.3 设 (X,d) 是一个度量空间，$(X,M,*)$ 是相应的标准模糊度量空间. 则 (X,d) 是可粗嵌入的当且仅当 $(X,M,*)$ 是可粗嵌入的.

证明 假设 (X,d) 是可粗嵌入的. 取 $\varepsilon>0,r\in(0,1)$ 和 $t>0$，令 $c=\dfrac{tr}{1-r}$. 则存在一个希尔伯特值映射 $\beta:X\to\mathcal{H}$，使得对每个 $x\in X$，都有 $\|\beta_x\|=1$. 而且映射 β 还满足

（1）当 $d(x,y)<c$ 时，有 $\|\beta_x-\beta_y\|<\varepsilon$；

（2）$\lim\limits_{S\to\infty}\sup\limits_{d(x,y)>S}|<\beta_x,\beta_y>|=0$.

由引理 7.1.2，知

$$d(x,y)<c=\frac{tr}{1-r}\Leftrightarrow M(x,y,t)>1-r.$$

取 $R=\dfrac{S}{t+S}$，则 $S=\dfrac{tR}{1-R}$. 注意到

$$d(x,y)>S=\frac{tR}{1-R}\Leftrightarrow M(x,y,t)<1-R,$$

且当 $S\to+\infty$ 时，$R\to1^-$，则有

$$\lim_{R\to1^-}\sup_{M(x,y,t)<1-R}|<\beta_x,\beta_y>|=0.$$

因此，$(X,M,*)$ 是可粗嵌入的.

反过来，假设 $(X,M,*)$ 是可粗嵌入的. 取 $R,\varepsilon>0$，令 $t=R,r=\dfrac{1}{2}$. 则存在希尔伯特值映射 $\beta:X\to\mathcal{H}$，使得对每个 $x\in X$，都有 $\|\beta_x\|=1$. 而且映射 β 还满足

（1）当 $M(x,y,t)>1-r$ 时，有 $\|\beta_x-\beta_y\|<\varepsilon$；

（2）存在 $t'>0$，使得 $\lim\limits_{r'\to1^-}\sup\limits_{M(x,y,t')<1-r'}|<\beta_x,\beta_y>|=0$.

由引理 7.1.2 知

$$M(x,y,t)>1-r \Leftrightarrow d(x,y)<\frac{tr}{1-r}=t=R,$$

所以 $d(x,y)<R$ 时，有 $\|\beta_x-\beta_y\|<\varepsilon$. 取 $S=\frac{t'r'}{1-r'},r'\in(0,1)$. 则当 $r'\to 1^-$ 时，$S\to+\infty$ ，注意到

$$M(x,y,t')<1-r' \Leftrightarrow d(x,y)>\frac{t'r'}{1-r'}=S,$$

则有

$$\lim_{S\to\infty}\sup_{d(x,y)>S}\left|<\beta_x,\beta_y>\right|=0.$$

所以，(X,d) 是可粗嵌入的.

证毕.

命题 7.3.4 可强嵌入的模糊度量空间是可粗嵌入的.

证明 假设 $(X,M,*)$ 是可强嵌入的. 取 $\varepsilon>0,r\in(0,1)$ 和 $t>0$ ，因为 $(X,M,*)$ 是可强嵌入的，则存在一个希尔伯特值映射 $\beta:X\to l^2(X)$ ，满足

（1）对任意 $x\in X$ ，有 $\|\beta_x\|=1$ ；

（2）当 $M(x,y,t)>1-r$ 时，有 $\|\beta_x-\beta_y\|<\varepsilon$ ；

（3）存在 $T>0$，使得 $\lim\limits_{R\to 1^-}\sup\limits_{M(x,y,T)>1-R}\sum\limits_{z\notin B(x,R,T)}\left|\beta_x(z)\right|^2=0$.

取定 $R\in(0,1)$ ，使得 $M(x,y,T)<1-R$ ，则

$$\begin{aligned}
\left|<\beta_x,\beta_y>\right| &\leqslant \sum_{z\in X}\left|\beta_x(z)\beta_y(z)\right| \\
&= \sum_{z\notin B(x,R,T)}\left|\beta_x(z)\beta_y(z)\right|+\sum_{z\in B(x,R,T)}\left|\beta_x(z)\beta_y(z)\right| \\
&\leqslant \sum_{z\notin B(x,R,T)}\left|\beta_x(z)\right|^2+\sum_{z\in B(x,R,T)}\left|\beta_y(z)\right|^2 \\
&\leqslant \sum_{z\notin B(x,R,T)}\left|\beta_x(z)\right|^2+\sum_{z\in B(y,R,T)}\left|\beta_y(z)\right|^2.
\end{aligned}$$

所以

$$\lim_{R\to1^-}\sup_{M(x,y,T)<1-R}\left|<\beta_x,\beta_y>\right|=0\,.$$

因此，$(X,M,*)$ 是可粗嵌入的.

证毕.

7.4 粗不变性

在文献[63]中，Grzegrzolka 介绍了模糊度量空间的粗结构. 下面介绍涉及的一些必要的概念，然后证明模糊度量空间的强嵌入是粗不变的.

定义 7.4.1[107] 设 (X,d) 和 (Y,d) 是度量空间，$f:X\to Y$ 是一个映射.

（1）f 是一致扩张的，如果对任意 $A>0$，存在 $B>0$ 使得对任意 $x,y\in X$，$d(x,y)<A$ 时，总有 $d(f(x),f(y))<B$；

（2）f 是恰当的，如果对每个 $C>0$，存在 $D>0$ 使得对任意 $x\in X$，$f^{-1}(B_d(f(x),C))\subseteq B_d(x,D)$ 总成立；

（3）f 是粗嵌入映射，如果它是一致扩张的且是恰当的；

（4）f 是粗到上映射，如果存在 $T>0$，使得对每个 $y\in Y$，存在 $x\in X$ 满足 $d(f(x),y)<T$；

（5）f 是粗等价映射，如果它是粗嵌入映射且是粗到上映射；

（6）假设 $g:X\to Y$ 是一个映射，则 f 和 g 是相近的，记作 $f\sim g$，如果存在 $c>0$ 使得对任意 $x\in X$，有 $d(f(x),g(x))<c$ 成立.

定义 7.4.2[63] 设 $(X,M_1,*_1)$，$(Y,M_2,*_2)$ 是两个模糊度量空间，$f:X\to Y$ 是一个映射.

（1）f 是一致扩张的，如果对任意 $A>0$，$t>0$，存在 $B\in(0,1),t'>0$，使得对任意 $x,y\in X$，$M_1(x,y,t)\geqslant A$ 时，有 $M_2(f(x),f(y),t')\geqslant B$ 成立；

（2）f 是恰当的，如果对每个 $C>0$，$t>0$，存在 $D\in(0,1),t'>0$，使得对任意 $x,y\in X$，$M_2(f(x),f(y),t)\geqslant C$ 时，总有 $M_1(x,y,t')\geqslant D$；

（3）f 是粗嵌入映射，如果它是一致扩张的且是恰当的；

（4）f 是粗到上映射，如果存在 $r\in(0,1)$ 和 $t>0$ 使得对每个 $y\in Y$，存在 $x\in X$ 满足 $M_2(f(x),y,t)>1-r$；

（5）f 是粗等价映射，如果它是粗嵌入映射且是粗到上映射；

（6）假设 $g:X\to Y$ 是一个映射，则 f 和 g 是相近的，记作 $f\sim g$，如果存在 $r\in(0,1)$ 和 $t>0$，使得对任意 $x\in X$，有 $M_2(f(x),g(x),t)>1-r$ 成立.

设 (X,d) 和 (Y,d) 是度量空间. 如果 $f:X\to Y$ 是一致扩张的，存在另一个一致扩张映射 $g:Y\to X$ 使得 $f\circ g$ 和 $g\circ f$ 分别与 Y 和 X 上的恒等映射是相近的. 在模糊度量空间中粗范畴意义下，有以下类似的结论.

命题 7.4.1[63] 设 $(X,M_1,*_1)$，$(Y,M_2,*_2)$ 是两个模糊度量空间. 则 $f:X\to Y$ 是粗等价当且仅当 $f:X\to Y$ 是一致扩张的，且存在另一个一致扩张映射 $g:Y\to X$ 使得 $f\circ g$ 和 $g\circ f$ 分别与 Y 和 X 上的恒等映射是相近的.

定义 7.4.3[63] 设 $(X,M,*)$ 是模糊度量空间，$r\in(0,1)$，$t>0$. U 是 X 的子集，则 X 的 (r,t)-邻域为

$$N_{r,t}(U)=\{x\in X\mid \exists x'\in U \text{ s.t. } M(x,x',t)>1-r\}.$$

如果 $f:(X,M_1,*_1)\to(X,M_2,*_2)$ 是粗到上映射，则存在 $r\in(0,1)$ 和 $t>0$，使得

$$Y=N_{r,t}(f(X)).$$

命题 7.4.2[63] 设 $(X,M,*)$ 是模糊度量空间，$\mathcal{U}$ 是 $(X,M,*)$ 的一致有界子集族. 则对任意 $r\in(0,1)$，$t>0$，$N_{r,t}(\mathcal{U})$ 也是 $(X,M,*)$ 的一致有界子集族，其中

$$N_{r,t}(\mathcal{U})=\{N_{r,t}(U)\mid U\in\mathcal{U}\}.$$

如果 $\mathcal{U}$ 是 X 的覆盖，则 $N_{r,t}(\mathcal{U})$ 也是 X 的覆盖.

引理 7.4.1 设 $(X,M',*')$，$(Y,M,*)$ 是两个模糊度量空间. $f:X\to Y$ 是粗到上映射，如果 $f(X)$ 是可强嵌入的，则 Y 也是可强嵌入的.

证明 记 $Y'=f(X)$. 因为 f 是粗到上映射，所以存在 $r'\in(0,1)$，$t'>0$，使得 $Y=N_{r',t'}(Y')$，即

$$\forall y \in Y,\ \exists y' \in Y' \text{ s.t. } M(y, y', t') > 1 - r'.$$

设 $\varepsilon, t > 0$ 和 $r \in (0,1)$ 是任意的. 定义映射 $g: Y \to Y'$ 为

$$g(y) = \begin{cases} y, & y \in Y' \\ x, & y \notin Y' \end{cases}$$

其中 $x \in \{y' \in Y' \mid M(y', y, t') > 1 - r'\}$.

因为 Y' 是可强嵌入的，所以存在希尔伯特值映射 $\xi: Y' \to l^2(Y)$，满足

（1）对任意 $y = Y'$，有 $\|\xi_y\| = 1$；

（2）若 $M(y_1, y_2, 2t' + t) > 1 - r_0$，其中 $1 - r_0 < (1 - r') * (1 - r) * (1 - r')$，则 $\|\xi_{y_1} - \xi_{y_2}\| < \varepsilon$；

（3）对任意 $\delta > 0$，存在 $R_0 \in (0,1)$，$T_0 > 0$，使得 $\sum_{z \notin B(y, R, T_0)} |\xi_y(z)|^2 \leqslant \delta$，其中 $R \in [R_0, 1)$.

定义 $\alpha: l^2(Y') \to l^2(Y)$ 为

$$w(y) = \begin{cases} v(y), & y \in Y' \\ 0, & y \notin Y' \end{cases}$$

其中 $v \in l^2(Y')$，$w \in l^2(Y)$，$\alpha(v) = w$. 注意到，α 是等距映射. 对任意 $y \in Y$，定义 $\beta: Y \to l^2(Y)$ 为

$$\beta_y = \alpha \circ \xi \circ g(y),$$

则

$$\|\beta_y\| = \|\alpha \circ \xi \circ g(y)\| = \|\xi_{g(y)}\| = 1,$$

其中 $y \in Y$.

如果对任意 $y_1, y_2 \in Y$，$M(y_1, y_2, t) > 1 - r$，则有

$$\begin{aligned} M(g(y_1), g(y_2), 2t' + t) &\geqslant M(g(y_1), y_1, t') * M(y_1, y_2, t) * M(y_2, g(y_2), t') \\ &\geqslant (1 - r') * (1 - r) * (1 - r') \\ &> 1 - r_0. \end{aligned}$$

Y' 是可强嵌入的，由条件（2）可知

$$\left\|\beta_{y_1}-\beta_{y_2}\right\|=\left\|\alpha\circ\xi\circ g(y_1)-\alpha\circ\xi\circ g(y_2)\right\|=\left\|\xi_{g(y_1)}-\xi_{g(y_2)}\right\|<\varepsilon.$$

取 $R_1\in[R_0,1)$， $R_2\in(0,1)$，使得

$$1-R_2\leqslant(1-R_1)*(1-r').$$

令 $T_2=T_0+t'$. 对任意 $y\in Y$ 和 $R\in[R_2,1)$，有

$$\begin{aligned}M(y',y,T_2)&\geqslant M(y',g(y),T_0)*M(g(y),y,t')\\&\geqslant(1-R_1)*(1-r')\\&\geqslant 1-R_2,\end{aligned}$$

其中 $y'\in B(g(y),R_1,T_0)$. 由此可得

$$B(g(y),R_1,T_0)\subseteq B(y,R_2,T_2).$$

所以，对任意 $R\in[R_2,1)$，有下面的估计：

$$\begin{aligned}\sum_{z\notin B(y,R,T_2)}\left|\beta_y(z)\right|^2&=\sum_{z\notin B(y,R,T_2)}\left|\alpha\circ\xi\circ g(y)(z)\right|^2\\&=\sum_{z\notin B(y,R,T_2),z\in Y'}\left|\xi_{g(y)}(z)\right|^2\\&=\sum_{z\notin B(g(y),R_1,T_0)}\left|\xi_{g(y)}(z)\right|^2\\&\leqslant\delta.\end{aligned}$$

证毕.

定理 7.4.1 设 $(X,M_1,*_1)$，$(Y,M_2,*_2)$ 是两个模糊度量空间，$f:X\to Y$ 是粗等价映射. 则 $(X,M_1,*_1)$ 是可强嵌入的当且仅当 $(Y,M_2,*_2)$ 是可嵌入的.

证明 假设 X 是可强嵌入的. 由于 $f:X\to Y$ 是粗等价，则存在一个一致扩张映射 $g:Y\to X$，使得 $f\circ g\sim id_Y$， $g\circ f\sim id_X$，即存在 $r_1,r_2\in(0,1)$ 和 $t_1,t_2>0$，使得对任意 $x\in X,y\in Y$，有

$$M_1(g\circ f(x),x,t_1)>1-r_1,\ M_2(f\circ g(y),y,t_2)>1-r_2.$$

令 $Y'=f(X)$. 注意到，f 是粗到上映射. 由引理 7.4.1 知，只需要证明 Y' 是可强嵌入的.

因为 $g:Y\to X$ 是一致扩张的，所以存在 $r'\in(0,1)$ 和 $t'>0$ 使得对任意

$y_1,y_2\in B(y,r,t)$，有

$$M_2(g(y_1),g(y_2),t')>1-r',$$

其中 $y\in Y,r\in(0,1)$ 和 $t>0$ 是任意的. 对任意 $x_1,x_2\in g^{-1}(B(y,r,t))$，有

$$\begin{aligned}&M_1(x_1,x_2,2t_0+t')\\ \geqslant&M_1(x_1,g\circ f(x_1),t_0)*_1 M_1(g\circ f(x_1),g\circ f(x_2),t')*_1 M_1(g\circ f(x_2),x_2,t_0)\\ \geqslant&(1-r_0)*_1(1-r')*_1(1-r_0).\end{aligned}$$

显然，存在 $r''\in(0,1)$，满足 $1-r'<(1-r_0)*_1(1-r_0)*_1(1-r_0)$. 由此可得到 $\{f^{-1}(B(y,r,t))\mid y\in Y'\}$ 是一致有界的. 设 $X'\subseteq X,f|_{X'}$ 是单射，则 $f:X'\to Y'$ 是一对一映射. 另外，由命题 7.2.2 知，X' 是可强嵌入的. 因此，对任意 $\varepsilon>0$，存在映射 $\alpha:X'\to l^2(X')$，使得

（1）对任意 $x\in X'$，有 $\|\alpha_x\|=1$；

（2）若 $M_1(x_1,x_2,2t_0+t')>1-r''$，则 $\|\alpha_{x_1}-\alpha_{x_2}\|<\varepsilon$；

（3）对任意 $\delta>0$，$x\in X'$，存在 $R_0\in(0,1)$，$T_0>0$，使得

$$\sum_{z\notin B(x,R,T_0)}|\alpha_x(z)|^2\leqslant\delta,$$

其中 $R\in(R_0,1)$.

对任意 $y,z\in Y'$，定义 $\beta:Y'\to l^2(Y')$ 为

$$\beta_y(z)=\alpha_{f^{-1}(y)}(f^{-1}(z)).$$

则有

$$\|\beta_y\|=\|\alpha_{f^{-1}(y)}\|=1.$$

对任意 $y_1,y_2\in Y'$ 且 $M(y_1,y_2,t)>1-r$，有

$$M_1(f^{-1}(y_1),f^{-1}(y_2),2t_0+t')>1-r''.$$

所以

$$\|\beta_{y_1}-\beta_{y_2}\|=\|\alpha_{f^{-1}(y_1)}-\alpha_{f^{-1}(y_2)}\|<\varepsilon.$$

因为 f 是一致扩张的，所以存在 $R_0'\in(0,1)$ 和 T_0'，使得对任意

$R_1 \in (R_0,1), x_1, x_2 \in X'$，有

$$M_1(x_1,x_2,T_0) > 1-R_1 \Rightarrow M_2(f(x_1),f(x_2),T_0') > 1-R_0'.$$

对任意 $x \in X'$，设 $y=f(x)$，则有

$$f(B(x,R_1,T_0)) \subseteq B(f(x),R_0',T_0'),$$
$$B(x,R_1,T_0) \subseteq f^{-1}(B(f(x),R_0',T_0')),$$
$$B(f^{-1}(y),R_1,T_0) \subseteq f^{-1}(B(y,R_0',T_0')).$$

令 $R' \in (0,1)$ 且充分趋近于 1，则有

$$\begin{aligned}\sum_{z \notin B(y,R',T_0')} \left|\beta_y(z)\right|^2 &= \sum_{z \notin B(y,R',T_0')} \left|\alpha_{f^{-1}(y)}(f^{-1}(z))\right|^2 \\ &= \sum_{w \in f^{-1}\{z \mid z \notin B(y,R',T_0')\}} \left|\alpha_{f^{-1}(y)}(w)\right|^2 \\ &\leqslant \sum_{w \notin B(f^{-1}(y),R_1,T_0)} \left|\alpha_{f^{-1}(y)}(w)\right|^2 \\ &< \delta.\end{aligned}$$

因此，Y' 是可强嵌入的.

证毕.

7.5 强嵌入的等价刻画

该部分给出了模糊度量空间强嵌入的一些其他等价刻画.

定理 7.5.1 设 $(X,M,*)$ 是一个模糊度量空间，则下列命题等价：

（1）X 是可强嵌入的.

（2）对任意 $\varepsilon>0$，$r \in (0,1)$ 和 $t>0$，存在希尔伯特空间 $\mathcal{H}$ 和映射 $\alpha: X \to l^2(X,\mathcal{H})$，满足

（a）对任意 $x \in X$，有 $\|\alpha_x\|=1$；

（b）当 $M(x,y,t)>1-r$ 时，有 $\|\alpha_x-\alpha_y\|<\varepsilon$；

（c）存在 $T>0$，使得 $\lim\limits_{R\to 1^-}\sup\limits_{x\in X}\sum\limits_{z\notin B(x,R,T)}\|\alpha_x(z)\|^2=0$.

（3）对任意 $1\leqslant p<\infty$ 和 $\varepsilon>0$，$r\in(0,1)$ 和 $t>0$，存在映射 $\eta: X\to l^p(X)$，满足

（a）对任意 $x\in X$，有 $\|\eta_x\|_p=1$；

（b）当 $M(x,y,t)>1-r$ 时，有 $\|\eta_x-\eta_y\|<\varepsilon$；

（c）存在 $T>0$，使得 $\lim\limits_{R\to 1^-}\sup\limits_{x\in X}\sum\limits_{z\notin B(x,R,T)}\|\eta_x(z)\|^p=0$.

证明 （1）⇒（2）: 因为 X 是可强嵌入的, 所以存在映射 $\alpha: X\to l^2(X)$ 满足定义 7.2.2，令 $\mathcal{H}=\mathbb{C}$，其中 $\mathbb{C}$ 为复数域. 由 $l^2(X)\cong l^2(X,\mathbb{C})$知，结论成立.

（2）⇒（1）: 令 $\varepsilon>0$，$r\in(0,1)$ 和 $t>0$，且 $\alpha: X\to l^2(X,\mathcal{H})$ 是（2）中的映射. 对任意 $x,z\in X$，定义映射 $\beta: X\to l^2(X)$ 为

$$\beta_x(z)=\|\alpha_x(z)\|.$$

则对任意 $x\in X$，有

$$\|\beta_x\|^2=\sum_{z\in X}|\beta_x(z)|^2=\sum_{z\in X}\|\alpha_x(z)\|^2=\|\alpha_x\|^2=1.$$

另外，对任意满足 $M(x_1,x_2,t)>1-r$ 的 $x_1,x_2\in X$，有

$$\begin{aligned}\|\beta_{x_1}-\beta_{x_2}\|^2&=\sum_{z\in X}|\beta_{x_1}(z)-\beta_{x_2}(z)|^2=\sum_{z\in X}\big|\|\alpha_{x_1}(z)\|-\|\alpha_{x_2}(z)\|\big|^2\\&\leqslant\sum_{z\in X}\|\alpha_{x_1}(z)-\alpha_{x_2}(z)\|^2=\|\alpha_{x_1}-\alpha_{x_2}\|^2<\varepsilon^2.\end{aligned}$$

注意到

$$\lim_{R\to 1^-}\sup_{x\in X}\sum_{z\notin B(x,R,T)}|\beta_x(z)|^2=\lim_{R\to 1^-}\sup_{x\in X}\sum_{z\notin B(x,R,T)}\|\alpha_x(z)\|^2=0.$$

由此可得,（2）⇒（1）成立.

（1）⇒（3）：令 $\varepsilon>0$，$r\in(0,1)$ 和 $t>0$．取 $1\leqslant p<\infty$，映射 $\gamma:X\to l^2(X)$ 满足下面的条件：

（a）对任意 $x\in X$，有 $\|\gamma_x\|_p=1$；

（b）当 $M(x_1,x_2,t)>1-r$ 时，有 $\|\gamma_{x_1}-\gamma_{x_2}\|_p<\varepsilon$；

（c）存在 $T>0$，使得 $\lim\limits_{R\to1^-}\sup\limits_{x\in X}\sum\limits_{z\notin B(x,R,T)}|\gamma_x(z)|^2=0$．

用 $z\mapsto|\gamma_x(z)|$ 替换 γ_x，可假设对任意 $x\in X$，γ_x 的每个分量都是取正值的．定义 $\eta:X\to l^p(X)$ 为

$$\eta_x(z)=(\gamma_z(x))^{\frac{2}{p}}.$$

对任意 $x\in X$，有

$$\|\eta_x\|_p=\left(\sum_{z\in X}(\eta_x(z))^p\right)^{\frac{1}{p}}=\left(\sum_{z\in X}((\gamma_x(z))^{\frac{2}{p}})^p\right)^{\frac{1}{p}}=\|\gamma_x\|_2^{\frac{2}{p}}=1.$$

对任意 $a,b\geqslant0$，不等式 $|a-b|^p\leqslant|a^p-b^p|$ 成立．则对任意的 $x_1,x_2\in X$，且 x_1,x_2 满足 $M(x_1,x_2,t)>1-r$，有

$$\begin{aligned}
\|\eta_{x_1}-\eta_{x_2}\|_p^p&=\sum_{z\in X}|\eta_{x_1}(z)-\eta_{x_2}(z)|^p\\
&\leqslant\sum_{z\in X}|\eta_{x_1}(z)^p-\eta_{x_2}(z)^p|\\
&=\sum_{z\in X}|\gamma_{x_1}(z)^p-\gamma_{x_2}(z)^p|\\
&=\sum_{z\in X}|\gamma_{x_1}(z)-\gamma_{x_2}(z)|\cdot|\gamma_{x_1}(z)+\gamma_{x_2}(z)|\\
&\leqslant\left(\sum_{z\in X}|\gamma_{x_1}(z)-\gamma_{x_2}(z)|^2\right)^{\frac{1}{2}}\left(\sum_{z\in X}|\gamma_{x_1}(z)+\gamma_{x_2}(z)|^2\right)^{\frac{1}{2}}\\
&=\|\gamma_{x_1}-\gamma_{x_2}\|_2\cdot\|\gamma_{x_1}+\gamma_{x_2}\|_2\\
&\leqslant2\|\gamma_{x_1}-\gamma_{x_2}\|_2\\
&<\varepsilon^p.
\end{aligned}$$

从而

$$\lim_{R\to 1^-}\sup_{x\in X}\sum_{z\notin B(x,R,T)}\left|\eta_x(z)\right|^p=\lim_{R\to 1^-}\sup_{x\in X}\sum_{z\notin B(x,R,T)}\left|\gamma_x(z)^{\frac{2}{p}}\right|^p$$
$$\leqslant\lim_{R\to 1^-}\sup_{x\in X}\sum_{z\notin B(x,R,T)}\left|\gamma_x(z)\right|^2$$
$$=0.$$

（3）⇒（1）：如果 $p=2$，结论是显然的.

用 $z\mapsto\left|\eta_x(x)\right|$ 替换 η_x，可假设对任意 $x\in X$，η_x 的每个分量都取正值.
定义映射 $\xi:X\to l^2(X)$ 为

$$\xi=M_{p,2}\circ\eta.$$

其中 $M_{p,2}:\{u\,|\,u\in l^p(X),\|u\|_p=1\}\to\{v\,|\,v\in l^2(X),\|v\|_2=1\}$ 是经典 Mazur 映射.[22]

当 $p<2$ 时，由 Mazur 映射的性质知，对任意 $x_1,x_2\in X$，存在常数 C 使得

$$\frac{p}{2}\left\|\eta_{x_1}-\eta_{x_2}\right\|_p\leqslant\left\|\xi_{x_1}-\xi_{x_2}\right\|_2\leqslant C\left\|\eta_{x_1}-\eta_{x_2}\right\|_p^{\frac{p}{2}}.\tag{7.1}$$

当 $M(x_1,x_2,t)>1-r$ 时，有

$$\left\|\xi_{x_1}-\xi_{x_2}\right\|_2\leqslant C\left\|\eta_{x_1}-\eta_{x_2}\right\|_p^{\frac{p}{2}}<C\varepsilon^{\frac{p}{2}}.$$

当 $p>2$ 时，不等式（7.1）的反方向成立. 这样，ξ 就满足了定义 7.2.2 中的第二个条件.
从而

$$\lim_{R\to 1^-}\sup_{x\in X}\sum_{z\notin B(x,R,T)}\left|\xi_x(z)\right|^2=\lim_{R\to 1^-}\sup_{x\in X}\sum_{z\notin B(x,R,T)}\left|\eta_x(z)^{\frac{p}{2}}\right|^2$$
$$\leqslant\lim_{R\to 1^-}\sup_{x\in X}\sum_{z\notin B(x,R,T)}\left|\eta_x(z)\right|^p$$
$$=0.$$

因此，X 是可强嵌入的.

8 总结与展望

本书主要研究了粗几何中的一些问题.

在第 3 章中，研究了盒子族纤维化余有限粗嵌入到一致凸巴拿赫空间的问题，证明了一个可数的剩余顺从群能够恰当地仿射等距作用在一致凸巴拿赫空间当且仅当它产生的任何一个盒子族能够纤维化余有限粗嵌入到一致凸巴拿赫空间，但是目前我们还没有找到一个相应有效的例子. 事实上，这是一个长久未解决的公开问题. Gromov 构造了一类群，它们不能粗嵌入到任何 l^p 空间（ $p<\infty$ ），特别地，不能仿射等距作用在任何 l^p 空间（ $p<\infty$ ）. 在文献[20]中，Brown 和 Guentner 证明了对任何一个可数离散群，都存在一列正实数 $\{p_n\}$ ，使得该离散群能够恰当仿射等距作用在 l^2-直和空间 $\oplus l^{p_n}(\mathbb{N})$（该空间是自反巴拿赫空间）上. 所以，从某种意义上说，Brown 和 Guenter 的结果是目前最理想的结果. 在后续工作中，我们会致力于寻找相关的例子，力争有所突破.

在第 4 章中，给出了扭曲锥的纤维化粗嵌入对群的 Haagerup 性质刻画的直接证明. 反过来，群具有 Haagerup 性质能否推出扭曲锥纤维化粗嵌入到希尔伯特空间，将是一个有趣而重要的工作. 另外，第 3 章还提到了几何性质 T[136]. 郁国樑与 R. Willett 在文献[138]中引入了几何性质 T 的概念，证明了如果度量空间具有几何性质 T，则极大版本的粗 Baum-Connes 猜测不成立. 关于几何性质 T 有如下问题：什么样的度量空间具有几何性质 T，从而该度量空间上的极大版本的粗 Baum-Connes 猜测不成立？图的 Zig-Zag 乘积类比于群的半直积（semi-product），而半直积是从已知群构造具有性质 T[115]的新群的一个手段，并且 Zig-Zag 乘积保持图的邻接矩阵的谱距（sepectral gap），因此可考虑几何性质 T 在 Zig-Zag 乘积下的保持性，从而构造出新的具有几何性质 T 的例子. 要研究的紧要问题是给出几何性质 T 的几何刻画. 通过对几何性质 T 的研究，去探索粗 Baum-Connes 猜测和粗 Novikov 猜测. 进一步，找到更多极大版本的粗 Baum-Connes 猜测不成立的例子，从而更加准确地了解极大版本的粗 Baum-Connes 猜测的适用范围. 这一问题的创新之处在于利用算子代数和粗几何对指标理论进行研究，这是近年来发展起来的一套新的方法. 我们通过研究几何性质（T）给出极大版本粗 Baum-Connes 猜测不成立的例子，希望有可能找到更好的嵌入方式以及嵌入空间，比如：鉴于 Hilbert 空间与 Banach 空间的本质差异，我们可以研究可纤维化粗嵌入到 Banach 空间的度量空间上的粗 Novikov 猜测是否成立.

在第 5 章中，研究了粗空间意义下的有限 APC-分解复杂度，从而对这种粗几何性质有更好的理解. 另外，考虑了有限 APC-分解复杂度的相对版本.

在第 6 章中，进一步研究了强嵌入的保持性质，并证明了强嵌入与性质 A 的等价性.

在第 7 章中，研究了模糊度量空间的强嵌入.

在今后的研究工作中，我们将致力于改进本书中的不足之处，解决书中提出的新问题，力争有所突破.

参考文献

[1] M Ajtai, J Komlós, E Szemerédi. Sorting in *c*log*n* parallel steps[J]. Combinatorica, 1983 (3):1-19.

[2] C A Akemann, M E Walter. Unbounded negative definite functions[J]. Canad. J. Math, 1981 (33):862-871.

[3] A G Aksoy, M A Khamsi. Nonstandard Methods in Fixed Point Theory[J]. Springer-Verlag, New York, 1990.

[4] S Arnt. Fibred coarse embeddability of box spaces and proper isometric affine actions on L^p spaces [J/OL]. Preprint 2015, arXiv:1508.05033.

[5] S Arnt. Large scale geometry and isometric affine actions on Banach spaces[D]. Université d'Orléans, Orléans, 2014.

[6] S Arnt. Spaces with labeled partitions and isometric affine actions on banach spaces [J/OL]. arXiv: 140.0125.

[7] G Arzhantseva, V Guba, M Sapir. Compression functions of uniform embeddings of groups into Hilbert and Banach spaces [J]. J. Reine Angew. Math., 2009 (633): 213-235.

[8] G Arzhantseva, V Guba, M. Sapir. Metrics on diagram groups and uniform embeddings in a Hilbert space [J]. Comment. Math. Helv., 2006 (81): 911-929.

[9] G Arzhantseva, E Guentner, J Spakula. Coarse non-amenability and coarse embedding[J]. Geom. Funct. Anal., 2012 (22): 22-36.

[10] G Arzhantseva, R Tessera. Admitting a coarse embedding is not preserved under group extensions[J/OL]. arXiv:1605.01192.

[11] U Bader, A Furman, T Gelander, et al. Property T and rigidity for actions on Banach spaces[J]. Acta math., 2007 (198):57-105.

[12] S Beckhardt, B Goldfarb. Extension properties of asymptotic property C and finite decomposition complexity[J/OL]. arXiv:1607.00445.

[13] M E B Bekka, P-A Cherix, A Valctte. Proper affine isometric actions of amenable groups[M]. Cambridge University Press, Cambridge, 1995.

[14] B Bekka, P de la Harpe, A Valette. Kazhdan's property (T) [M]. Cambridge University Press, Cambridge, 2008.

[15] G Bell. Property A for groups acting on metric spaces[J]. Topology Appl., 2003 (130): 239-251.

[16] G Bell. Asymptotic properties of groups acting on complexes[J]. Proc. Amer. Math. Soc., 2005, 133(2):387-396.

[17] G Bell, A Dranishnikov. Asymptotic dimension[J]. Topology Appl., 2008 (155):1265-1296.

[18] G Bell, A Dranishnikov. On asymptotic dimension of groups[J]. Algebr. Geom. Topol., 2001 (1):57-71.

[19] G Bell, K Fujiwara. The asymptotic dimension of a curve graph is finite[J]. J. Lond. Math. Soc., 2008, 77(1):33-50.

[20] G Bell, D Moran, A Nagórko. Coarse property C and decomposition complexity[J]. Topology Appl., 2017 (227): 30-50.

[21] G Bell, A Nagórko. Decomposition theorems for asymptotic property C and property A[J/OL]. Preprint 2017, arXiv:1709.01119.

[22] Y Benyamini, J Lindenstrauss. Geometric nonlinear functional analysis[M]. American Mathematical Society, Providence, RI, 2000.

[23] M R Bridson, A Haefliger. Metric spaces of non-positive curvature[J].

Grundlehren Math. Wiss. 319, Springer-Verlag, Berlin 1999.

[24] J Brodzki, S J Campbell, E Guentner, et al. Property A and CAT(0) cube complexes[J]. J. Funct. Anal., 2009 (256): 1408-1431.

[25] J Brodzki, G A Niblo, P W Nowak, et al. A homological characterization of topological amenability[J]. Algebr. Geom. Topolo., 2012(12):1763-1776.

[26] J Brodzki, G A Niblo, J Spakula, et al. Uniform local amenability[J]. J. Noncommut. Geom., 2013 (7): 583-603.

[27] J Brodzki, G A Niblo, N Wright. A homological characterization of Yu's property A for metric spaces[J]. Geom. Topol., 2012 (16): 391-432.

[28] N Brown, E Guentner. Uniform embeddings of bounded geometry spaces into reflexive Banach space[J]. Proc. Amer. Math. Soc., 2005, 133(7): 2045-2050.

[29] S Buyalo, V Schroeder. Elements of asymptotic geometry[J]. EMS Monogr. Math., Eur. Math. Soc. (EMS), Zürich 2007.

[30] S J Campbell. Property A and affine buildings[J]. J. Funct. Anal., 2009 (256): 409-431.

[31] S J Campbell, G Niblo. Hilbert space compression and exactness of discrete groups[J]. J. Funct. Anal., 2005 (222): 292-305.

[32] Carlsson G. Topology and data[J]. Bull Ame.r Math Soc., 2011, 46: 255-308.

[33] I Chatterji, C Drutu, F Haglund. Kazhdan and Haagerup properties from the median viewpoint[J]. Adv. Math., 2010 (225): 882-921.

[34] X Chen, M Dadarlat, E Guentner, et al. Uniform embeddability and exactness of free products[J]. J. Funct. Anal., 2003 (205): 168-179.

[35] X Chen, Q Wang, X Wang. Characterization of the Haagerup property by

fibred coarse embedding into Hilbert space[J]. Bull. Lond. Math. Soc., 2013 (45): 1091-1099.

[36] X Chen, Q Wang, G Yu. The maximal coarse Baum-Connes conjecture for spaces which admit a fibred coarse embedding into Hilbert space[J]. Adv. Math., 2013 (249): 88-130.

[37] P-A Cherix, F Martin, A Valette. Spaces with measured walls, the Haagerup property and property T[J]. Ergodic Theory Dyn. Syst., 2004 (24): 1895-1908.

[38] Chung Y C. Property A and coarse embeddability for fuzzy metric spaces[J/OL]. arXiv:2102.10258.

[39] Y Cornulier, Y Stalder, A Valette. Proper actions of wreath products and generalizations[J].Trans. Amer. Math. Soc., 2012 (364): 3159-3184.

[40] Y Cornulier, R Tessera, A Valette. Isometric group actions on Banach spaces and representations vanishing at infinity[J]. Transformation Groups, 2008 (13):125-147.

[41] M Dadarlat, E Guentner. Uniform embeddability of relatively hyperbolic groups[J]. J. Reine Angew. Math., 2007 (612):1-15.

[42] T Davila. On asymptotic property C[J/OL].Preprint 2016, arXiv: 1611. 05988.

[43] M Day. Some more uniformly convex spaces[J]. Bull. Amer. Math. Soc., 1941 (47): 504-507.

[44] P Delorme. 1-cohomologie des représentations unitaires des groups de lie semi-simples et résolubles, produits tensoriels continus de representations [J]. Bulletin de la Société Mathématique de France, 1977 (105):281-336.

[45] A N Dranishnikov. Asymptotic topology[J]. Uspekhi Mat. Nauk, 2000 (55): 71-116.

[46] A N Dranishnikov, T Januszkiewicz. Every Coxeter group acts amenably

on a compact space, (English summary) Proceedings of the 1999 Topology and Dynamics Conference (Salt Lake City, UT) [J]. Topology Proc., 1999,24(Spring): 135-141.

[47] A N Dranishnikov, J Smith. Asymptotic dimension of discrete groups[J]. Fund. Math., 2006 (189): 27-34.

[48] Dranishnikov A N, Zarichnyi M. Asymptotic dimension, decomposition complexity, and Haver's property C[J]. Topol. Appl., 2013, 169: 99-107.

[49] A N Dranishnikov, M Zarichnyi. Remarks on straight finite decomposition complexity[J]. Topology Appl., 2017 (227): 102-110.

[50] V G Drinfel'd. Finitely-additive measures on $S^2$and S^3, invariant with respect to rotations[J]. Funktsional. Anal. i prilozhen., 1984,18(3):77; English transl. Funct. Anal. Appl., 1984 (18): 245-246.

[51] C Drutu. Quasi-isometry rigidity of groups[J]. Soc. Math. France, 2009: 321-371.

[52] C Drutu, P Nowak. Kazhdan projections, random walks and ergodictheorems[J]. J. Reine Angew. Math., 2019(754):49-86.

[53] D Farley. Finiteness and CAT(0) properties of diagram groups[J]. Topology, 2003,42(5): 1065-1082.

[54] D S Farley. Proper isometric actions of Thompson's groups on Hilbert space[J]. Internat Math. Res. Natices, 2003: 2409-1414.

[55] S Ferry, A Ranicki, J Rosenberg. Novikov conjectures, index theorems and rigidity[M]. Cambridge University Press, Cambridge, 1995.

[56] George A, Veeramani P. On some results in fuzzy metric spaces[J]. Fuzzy Sets Syst., 1994, 64(3):395-399.

[57] O Goldreich, R Impagliazzo, L Levin, et al. Security preserving amplification of hardness[J]. 31st FOCS, 1990:318-326.

[58] G Gong, Q Wang, G Yu. Geometrization of the strong Novikov conjecture

for residually finite groups[J]. J. Reine angew. Math., 621(2008): 159-189.

[59] Gregori V, Morillas S, Sapena A. Examples of fuzzy metrics and applications[J]. Fuzzy Sets Syst., 2011, 170(1): 95-111.

[60] M Gromov. Asymptotic Invariants of Infnite Groups[M]. Cambridge University Press, Cambridge, 1993.

[61] M Gromov. Filling Riemannian manifolds[J]. Journal of Differential Geometry, 1983 (18):1-147.

[62] M Gromov. Spaces and questions[J]. Geom. Funt. Anal Special Volume, 2000: 118-161.

[63] Grzegrzolka P. Asymptotic dimension of fuzzy metric spaces[J/OL]. arXiv: 2010.09222.

[64] E Guentner, N Higson, S Weinberger. The Novikov conjecture for linear groups[J]. Publ. Math. Inst. Hautes Études Sci., 2005 (101): 243-268.

[65] E Guentner, R Tessera, G Yu. A notion of geometric complexity and its application to topological rigidity[J]. Invent. Math., 2012 (189): 315-357.

[66] E Guentner, R Tessera, G Yu. Discrete groups with finite decomposition complexity[J]. Groups Geom. Dyn., 2013 (7): 377-402.

[67] A Guichardet. Sur la cohomologie des groups topologiques II [J], Centre de mathématiques de l' École polyedchnique, 1972.

[68] U Haagerup. An example of a nonnuclear C^*-algebra, which has the metric approximation property[J]. Invent. Math., 1978 (50): 279-293.

[69] N Higson. Counterexamples to the coarse Baum-Connes conjecture. Available on the author's website, 1999.

[70] N Higson, G Kasparov. E-theory and KK-theory for groups which act properly and isometrically on Hilbert space[J]. Invent. Math., 2001(144): 23-74.

[71] N Higson, V Lafforgue, G Skandalis. Counterexamples to the Baum-

Connes Conjecture[J].Geom. Funct. Anal., 2002 (12): 330-354.

[72] N Higson, J Roe. Amenable group actions and the Novikov conjecture[J]. J. Reine Angew. Math., 2000 (519): 143-153.

[73] N Higson, J Roe. On the coarse Baum-Connes conjecture[M]. Cambridge University Press, Cambridge, 1995.

[74] B Hughes. Local similarities and the Haagerup property[J]. Groups Geom. Dyn., 2009(3): 299-315.

[75] R Impagliazzo, A Wigderson. *P=BBP* if *E* requires exponential circuit: Derandomizing the XOR lemma[J]. Proceedings of the Twenty-Ninth Annual ACM Symposium on Theory of Computing, 1997:220-229.

[76] R Ji, C Ogle, B W Ramsey. Strong embeddablility and extensions of groups[J/OL]. arXiv:1307.1935.

[77] W B Johnson, N L Randrianarivony. $l_p(p>2)$ does not coarsely enbed into a Hilbert space[J]. Proceeding of the American Mathematical Society, 2006: 1045-1050.

[78] N J Kalton, J W Roberts. Uniformly exhaustive submeasures and nearly additive set functions[J]. Transactions of the American Mathematical Society, 1983 (278): 803-816.

[79] M Kapovich. Lectures on quasi-isometric rigidity, in Geometric Group Theory[J]. Amer. Math. Soc. Providence, 2014:127-172.

[80] G Kasparov, G Yu. The coarse geometric Novikov conjecture and uniform convexity[J]. Adv. Math., 2006,206(1): 1-56.

[81] G Kasparov, G Yu. The Novikov conjecture and geometry of Banach spaces[J]. Geom. Topol., 2012 (16): 1859-1880.

[82] A Khukhro. Box space, group extensions and coarse embeddings into Hilbert space[J]. J. Funct. Anal., 2012 (263): 115-128.

[83] A Khukhro. Embeddable box space of free groups[J]. Math. Ann., 2014

(360): 53-66.

[84] M Kotowski, M Kotowski. Random groups and property (T): Zuk's theorem revisited[J]. J. Lond. Math. Soc., 2013 (88): 396-416.

[85] Kramosil I, Michalek J. Fuzzy metrics and statistical metric spaces[J]. Kybernetika -Praha-, 1975, 11(5): 336-344.

[86] V Lafforgue. Un renforcement de la propriété (T) [J]. Duke Math. J., 2008,143(3): 559-602.

[87] J Li, Q Wang. Remarks on coarse embeddings of metric spaces into uniformly convex Banach spaces[J]. J. Math. Anal. Appl., 2006 (320): 892-901.

[88] A Lubotzky, R Phillips, P Sarnak. Explicit expanders and the Raamujan conjectures, Proceedings of the eighteenth annual ACM symposium on Theory of computing[J]. ACM, 1986: 240-246.

[89] A Lubotzky. Expander graphs in pure and applied mathematics[J]. Bulletin of the American Mathematical Society, 2012, 49(1): 113-162.

[90] A Lubotzky. Discrete groups, expanding graphs and invariant measures[J]. volume 125 of Progress inMathematics. Birkhäuser Verlag, Basel, 1994.

[91] A Lubotzky, I Pak. The product replacement algorithm and Kazhdan's property (T) [J].Journal of American Mathematical Society,2001,(14): 347-363.

[92] Lv J R, Luo X G. Image Denoising via Fast and Fuzzy Non-local Means Algorithm[J]. J. Inf .Stor. Proc. Syst., 2019, 15(5): 1108-1118.

[93] W Magnus. Residually finite groups[J]. Bull. Amer. Math. Soc., 1969 (75): 305-316.

[94] W Magnus, A Karrass, D Solitar. Combinatorial Group Theory[M]. Interscience, New York, 1966.

[95] G A Margulis. Explicit constructions of expanders (Russian) [J].

Problemy peredaci Informacii, 1973 (9): 71-80.

[96] S Mazur, S Ulam. Sur les transformations isométriques d'espaces vectoriels normés[J]. C. R. Acad. Sci. Paris, 1932(194): 946-948.

[97] M Mendel, A Naor. Metric cotype[J]. Ann. Of Math., 2008, 168(1): 247-298.

[98] M Mendel, A Naor. Towards a calculus for non-linear spectral gaps[M]. Proc. 21. ACM-SIAM Symp. on Discrete Algorithms, 2010:236-255.

[99] Milnor J. A note on curvature and fundamental group[J]. J. Differential Geom., 1968, 2:1-7.

[100] L Mosher, M Sageev, K Whyte. Quasi-actions on trees I. Bounded valence[J]. Annals Math., 2003 (158): 115-164.

[101] J Naor, M Naor. Small-bias probability spaces: Efficient constructions and applications[J]. SIAM Journal on Computing, 1993 (22): 838-856.

[102] P Nowak. Coarse embeddings of metric spaces into Banach spaces[J]. Proceeding of the American Mathematical Society, 2005, 133(9): 2589-2596.

[103] P Nowak. Coarsely embeddable metric spaces without property A[J]. J. Funct. Anal., 2007 (1):126-136.

[104] P Nowak. On coarse embeddability into l_p-spaces and a conjecture of Dranishnikov[J]. Fund. Math., 2006 (189): 111-116.

[105] P Nowak, On exactness and isoperimetric profiles of discrete groups[J]. J. Funct. Anal., 2007 (243): 323-334.

[106] P Nowak, D Sawicki. Warped cones and spectral gaps[J]. Proceeding of the American Mathematical Society, 2017(145): 817-823.

[107] P Nowak, G Yu. Large Scale Geometry[J]. European Mathematical Society, 2012.

[108] K Orzechowski. Characterization of the Haagerup property for

residually a menable groups[J/OL]. Preprint 2016, arXiv:1605.04830.

[109] D Osajda. Small cancellation labellings of some infinite graphs and applications, preprint.

[110] D Osin. Asymptotic dimension of relatively hyperbolic groups[J]. Int. Math. Res. Not., 2005, 35: 2143-2161.

[111] H Oyono-Oyono, G Yu. K-theory for the maximal Roe algebras for certain expanders[J]. J. Funct. Anal.,2009, 257(10): 3239-3292.

[112] N Ozawa. Amenable actions and exactness for discrete groups[J]. C. R. Acad. Sci. Paris Sér. I Math.,2000(330): 691-695.

[113] N Ozawa. A note on non-amenability of $B(l_p)$ for $p=1,2$ [J]. Internat. J. Math., 2004(15): 691-695.

[114] N Ozawa. Bounded amenability of relative hyperbolic groups[J]. Topology Appl., 2006(153): 2624-2630.

[115] P Pansu. Formules de matsushima, de Garland et propriété (T) pour des groups agissant sur des espaces symétriques ou des immeubles[J]. Bull. Soc. Math. France, 1998(126): 107-139.

[116] T Pillon. Affine isometric actions[J]. PhD thesis, Université de Neuchatel, 2015.

[117] N Pippenger. Sorting and selecting in rounds[J]. SIAM Journal on Computing, 1987(16): 1032-1038.

[118] O Reingold, S Vadhan, A Wigderson. Entropy waves, the zig-zag graph product, and new constant-degree expanders[J]. Annals of Mathematics-Second Series, 2002,155(1):157-188.

[119] J Roe. Coarse cohomology and index theory on complete Riemannian manifolds[J]. Mem. Amer. Math. Soc., 19939, 104(497).

[120] J Roe. Hyperbolic groups have finite asymptotic dimension[J]. Proc. Amer. Math. Soc., 2005(133): 2489-2490.

[121] Roe J. Index theory, coarse geometry, and topology of manifolds[J]. CBMS Regional Conf. Ser. in Math. 90, Amer. Math. Soc., Providence, RI, 1996.

[122] J Roe. Lectures on coarse geometry[J]. Univ. Lecture Ser. 31, Amer. Math. Soc., Providence, RI, 2003.

[123] J Roe. Warped cones and property A[J]. Geom. Topol., 2005 (9): 163-178.

[124] J Rosenblatt. Uniqueness of invariant means for measure-preserving transformations[J]. Trans. Amer. Math. Soc., 1981(265): 623-636.

[125] D Sawicki. Super-expanders and warped cones[J/OL]. arXiv:1704.03865v1.

[126] D Sawicki. Warped cones over profinite completions[J]. J. Topol. Anal., posted on 2017, DOI:10.1142/S179352531850019X.

[127] I Schoenberg. on certain metric spaces arising from Euclidean spaces by a change of metric and their embedding in Hilbert space [J]. Ann. Math., 1937 (38): 787-793.

[128] I Schoenberg. Metric spaces and positive definite functions[J]. Trans. Am. Math. Soc., 1938 (44): 522-536.

[129] Z Sela. Uniform embedding of hyperbolic groups in Hilbert spaces[J]. Israel J. Math., 1992 ,80(1-2): 171-181.

[130] J P Serre. Trees[M]. Springer-Verlag, New York-Heidelberg-Berlin, 1980.

[131] D Sullivan, For $n>3$ there is only one finitely additive rotationally invariant measure on the n-sphere defined on all Lebesgue measurable subsets[J]. Bull Amer. Math. Soc., 1981 (4): 121-123.

[132] Jean-Louis Tu. Remarks on Yu's property A for disrete metric spaces and groups[J]. Bull. Soc. Math. France, 2001, 129(1): 115-139.

[133] F Vigolo. Measure expanding actions, expanders and warped cones[J/OL].

arXiv:1610.05837v1. [math. GT] 19 Oct 2016.

[134] Weinberger S. What is ⋯ persistent homology? [J]. Notices Amer. Math Soc., 2011, 58(1): 36-39.

[135] R Willett. Some notes on property A[M]. EPFL Press, Lansanne, 2009.

[136] R Willett, G Yu. Geometric property (T) [J]. Chinese Annals of Mathematics, Series B, 2014 (35): 761-800.

[137] R Willett, G Yu. Higher index theory for certain expanders and Gromov monster groups Ⅰ[J]. Adv. Math., 2012 (229): 1380-1416.

[138] R Willett, G Yu. Higher index theory for certain expanders and Gromov monster groups Ⅱ[J]. Adv. Math., 2012 (229): 1762-1803.

[139] Wolf J A. Growth of finitely generated solvable groups and curvature of Riemannian manifolds[J]. J. Differential Geom., 1968, 2: 421-446.

[140] N J Wright. Finite asymptotic dimension for CAT(0) cube complexes[J]. Geom. Topol., 2012(16): 527-554.

[141] J Xia, X Wang. On strong embeddability and finite decomposition complexity[J]. Acta Math. Sin., Engl. Ser., 2017 (33): 403-418.

[142] J Xia, X Wang. Strong embeddability for groups acting on metric spaces[J]. Chin. Ann. Math. Ser. B, 2019, 40(2): 199-212.

[143] T Yamauchi. Asymptotic property C of the countable direct sum of the integers[J]. Topology Appl., 2015(184): 50-53.

[144] Yu G L. Baum-Connes conjecture and coarse geometry[J]. K-Theory, 1995, 9(3): 223-231.

[145] G Yu. Coarse Baum-Connes conjecture[J]. K-theory, 1995, 9: 199-221.

[146] G Yu. Hyperbolic groups adimt proper affine isometric action on l^p-spaces[J]. Geom. Funct. Anal., 2005 (15): 1144-1151.

[147] G Yu. Large scale geometry and its applications[J]. Amer. Math. Soc.,

Providence, RI, 2011:305-315.

[148] G Yu. The coarse Baum-connes conjecture for spaces which admit a uniform embedding into Hilbert space[J]. Invent. Math., 2000 (139): 201-240.

[149] G Yu. The Novikov conjecture for groups with finite asymptotic dimension[J]. Ann. of math., 1998 (147): 325-355.

[150] G Yu. Zero-in-the-spectrum conjecture, positive scalar curvature and asymptotic dimension[J]. Invent. Math., 1997 (127): 99-126.

[151] Zarichnyi M. Coarse structures and fuzzy metrics[J]. Mat. Stud., 2009, 32(2): 180-184.

[152] A Zuk. Property (T) and Kazhdan constants for discrete groups[J]. Geom. Funct. Anal., 2003 (13):643-670.